《金融時報》為你量身打造的財報入門書

一口氣搞懂
財務報表

FT Guide to
Finance for Non-Financial
Managers

喬・黑格（Jo Haigh）——著　　李嘉安——譯

目 錄

致謝

對於大部分的作者來說，寫作過程雖然是孤軍奮戰，但是要完成一份完整的手稿，毫無疑問地需要許多人在各個領域大力協助。這本書的出版也不例外。假如你在這份感謝名單中找不到你的名字，不是因為你不曾提供給我任何建議，而是因為我的感謝詞只能有一頁！

在我的編輯 Chris Cudmore 考驗我寫作組織能力時，也就是你們正要開始閱讀的這本書，他在我的個人資產負債表上的位置，一路從借方移到貸方，又從貸方回到借方。（對於我們兩個來說，這是一件多麼值得慶幸的事！）當他說他從這本書中學到很多時，我真的很高興。我非常感謝這個跨領域的交流，在此我要大聲地向他說聲謝謝。

還有，跟我在晃動的火車上、飛機上以及計程車上和稿子持續奮鬥不懈的超棒助理們：Steph 和 Arlene。親愛的，這本書多虧了你們兩個才能出現在這裡！

感謝溫馨感人的同事 Martin Venning，他為書中所有章節的專業術語正確度把關；以及我美麗且才華洋溢的女兒 Jessica，修正了我差強人意的文法。

這是我的第四本書，我要向 Angel 和 Coco 說聲謝謝。牠們用無條件的愛讓我保持神智清醒，當然，這是不斷地餵牠們吃狗餅乾換來的！

前言

　　決定，決定，決定！我們每天都在做決定。有時候我們完全不考慮結果；有時候我們卻像職業棋士一樣深思熟慮，仔細評估這樣移動、那樣移動甚至是一動也不動，會帶來什麼樣的結果。

　　在快速變化的全球市場經濟中，我們看到成功的新玩家不斷加入這場商業遊戲。之前看起來十分健康的經濟，開始走向衰敗。做出正確財務決策的能力，比以前來得更加重要。

　　當然，錯誤的決定每天都在發生，放馬後砲的感覺奇好無比。就像迪卡唱片在拒絕披頭四之後，才了解什麼叫做千金難買早知道。

　　但是在這種事情上，迪卡唱片可是一點也不寂寞。一八七六年，西聯匯款的某一份內部備忘錄上寫著：

　　電話的缺點多到讓人無法把它當成是一種溝通的媒介。這個裝置基本上對我們來說一點價值也沒有。

　　即使是備受敬重的決策者也可能犯錯。英國首相邱吉爾曾說過：

　　我不相信在我們有生之年會向日本宣戰。日本是我們的盟友…日本是世界的另一端。她不可能在任何方面造成我們安全上的危害…對於任何理性的政府來說，根本沒有必要去想是不是有跟日本開戰的可能。

湯瑪士華生的真實故事告訴我們更多。一九八五年擔任 IBM 總裁時，他說過這麼一句話：「我想，全世界大概只需要五台電腦。」據傳比爾蓋茲在一九八一年曾經說過：「個人電腦的記憶體只要 640K 就夠了。」這裡我們要釐清的問題是：這些說法是全面地了解財務結果之後的陳述？是商業的直覺？還是單純的，就是企業的無知？

顯然地，這跟智商或商業敏銳度一點關係都沒有。或許只是因為他們拿到的資料不夠充足罷了！

▍做財務決策

企業太多。一部分的原因是來自於全球經濟瓦解。儘管情況逐漸改善，在規範漸多以及競爭變激烈的情況下，快速地針對企業環境中，持續發生的轉變做出正確反應是非常必要的。經理人、老闆和董事們都要具有閱讀和了解數據的能力。品質差勁的資料或是無法快速掌握數據，都會嚴重地影響你的工作成效和升遷機會，甚至是公司或部門的績效表現。

透過不同的章節，我不僅會解釋那些看起來很複雜的財務概念，還會提供一些實際的商業工具，協助你改善公司及部門的財務狀況。

我會以實用的方式，引導你進入這本書。在一開始的第一章裡，提供了在做財務決策過程中，可能會需要的資料以及需要的原因。

第二章接續第一章的邏輯，討論這些資料的使用者及使用方式。第三章將會讓你認識財務專業術語，以及它們之間的細微差別，讓你可以正確地理解在第四、五、六章中，分別會談到的幾個

重要財務報表：損益表、現金流量表、資產負債表。在有了前面的基礎後，第七章將更深入的說明，我們如何使用預算及預測，推斷並管理企業未來的機會。

在第八章，我們會從主要財務報表中選出損益表及資產負債表，和管理會計報表中的預算放在一塊檢視。第九章則會看到一些對於非財務經理人來說，比較少需要接觸的資金評估及投資評估。

我把企業的健康檢查當作這本書的結論，放在第十章。它可以讓你了解組織的健康狀況，並讓你在問題變得不可收拾前，知道如何處理和辨識它們。

最後，在這本書後面的範例是為了幫助你在第一時間了解標準文件的呈現方式。用字母順序排列的字彙表，是為了讓經理人在面對需要深入釐清的問題時，可以方便查閱。

▌章節導覽

第一章討論的是一般的財務決策過程：在做出某些決定前，你應該仔細考慮什麼？哪些一般性原則和如何選擇特定路線之間的關聯性，是你應該要特別留意的？這些可能都會改變你組織未來的方向！

第二章談到財務及會計資訊的使用者，包含他們可能會怎麼看這些直接取得或從別人手中拿到的資料，以及使用的資料如果被動過手腳，會產生什麼影響。

第三章討論財務特有的語言，以及解讀方式的細微差異。內容包含了這些語言逐年的變化、不會說財務語言或是不了解『會計』的相關議題。

第四章則是說明了，依據服務水準所做的獲利選擇，可能讓你的企業在財務面的價值產生變化。這些商業決策可能不是你下的，而是其他經理人。老闆特別需要全面地了解，他們的決定可能帶來什麼樣的結果。

在第五章我們會思考，為什麼了解獲利與現金之間的差別，就可以定生死。雖然獲利和現金常常被認為是同一種東西，事實上，它們完全不同！清楚地區分兩者之間的差別，並了解原因，可以讓你更容易掌握書中提供的範例。

在所有很簡單就可以拿到的財務報表中，資產負債表對於非財務經理人來說，通常是最難弄懂的。第六章帶領讀者，從簡單上手的範例開始，說明不熟悉這份文件的人，通常會產生什麼疑慮。它也說明了，在沒有任何實質改變下，資產帳面價值的增減是怎麼發生的。

大部分行事謹慎的公司，都應該要了解預算流程，以及預算跟預測之間的差別。第七章從這兩個策略性的管理文件出發，分析你應該怎麼製作它們，並了解其他人怎麼看待這類型的資料。它也簡單地描述，在討好其他人的明顯意圖下，膨脹或緊縮預算可能會帶來的風險，不論其他人指的是銀行、股東、其他部門或是董事會。

第八章我們會討論到，在大部分公司中，必要且非常重要的每月管理會計報表，釐清為了遵照目標，這份報表需要什麼？應該包含什麼？還有最重要的，不應該包含什麼？它應該怎麼編輯？怎麼發布？對誰公布？第八章中會談到這些問題，讓讀者不僅能夠獲得更多相關知識，也能對於自己在這項不可或缺的管理工具上的理解程度更具信心。

第九章將帶領讀者更深入了解整個資本支出（Capex）和投資

核可的流程。藉由幾個比率使用的例子，說明為什麼對於一些人很有吸引力的報酬，卻完全無法引起其他人的興趣。我們也提供了一些導航工具，讓非財務經理人可以用最有利的方式，得到提出資本支出要求的絕佳機會。

最後，第十章提供了非常實用的公司和部門健康檢查方法。它確保非財務經理人具備隨時採取預防措施的能力。就算來不及，起碼可以讓你了解可能的後果。

放在這本書最後的是財務術語字彙表。

雖然沒有一本書可以讓你從此變成為財務高手，但這本書能夠給你一些明確的指示，讓你順利從每天都會碰到的財務數據謎團中找到出路。

1

數據與決策

▌最關鍵的一課

在這一章我們會討論到,一個在沒有完整、妥善了解狀況時,就貿然做出的決定,會如何影響公司表現。另外,我們還要告訴你,只要一些簡單的程序或技巧,就可以讓你確定,自己已經仔細思考過行動的後果,進而讓你能夠更有自信地展開商業行動。

依據財務資料所做的企業決策,通常都是根據歷史資料、預測和預算來判定。假設之前發生的事在未來也會發生,並不合理,這樣的推論方式可能會招來一些問題。

所以,如果你是一個知識豐富的專家,使用財務數據時,你會如何避免陷入報表地獄及優柔寡斷之中?在非財務經理人的工具箱中,有什麼是可以拿出來用的?

首先,你要了解所有財務資料基本上都是有缺陷的。沒有所謂的百分之百正確。太多的財務資訊是從猜測及假設來的。努力想要讓每件事情達到百分之百正確根本是白費力氣。想辦法在需要的時候拿到正確性最高的資訊,遠比把心思花在製作準確度更高的最新資料來得有用。切記:拖延做決策的時間,幾乎等於錯失靶心!

呈現方式

　　一個精明的經理人，可能會想要掌握絕大部分的財務資料。你可能也會對於財務資料應該怎麼呈現，有一套自己的想法。

　　一般來說，非財務背景的人會覺得，長條圖或是圓餅圖比一串數字來得容易理解。

　　想想看，圖 1.1 和圖 1.2 跟表 1.1 有什麼不同？

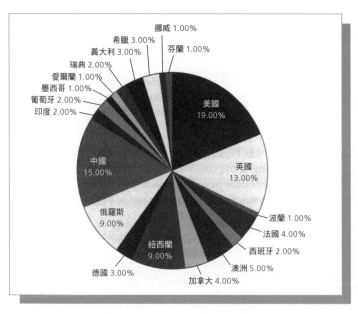

圖 1.1　以圓餅圖呈現的銷售比例

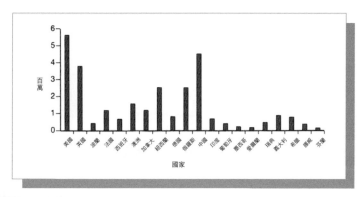

以長條圖呈現的銷售比例

表 1.1 銷售數據與比例

國家	銷售額（英鎊）	比例
美國	5,700,050	18.86
英國	3,870,500	12.81
波蘭	450,870	1.49
法國	1,257,000	4.16
西班牙	685,147	2.27
澳洲	1,587,940	5.25
加拿大	1,256,789	4.16
紐西蘭	2,578,946	8.53
德國	870,458	2.88
俄羅斯	2,578,900	8.53
中國	4,573,569	15.13
印度	748,960	2.48
葡萄牙	500,100	1.65
墨西哥	258,979	0.86
愛爾蘭	235,980	0.78
瑞典	568,700	1.88
義大利	987,500	3.27
希臘	856,120	2.83
挪威	450,239	1.49
芬蘭	204,870	0.68
	30,221,617	100.00

　　長條圖和圓餅圖的呈現效果非常好。如果你的資料不是這麼呈現，你應該要好好思考一下。如果你覺得自己的呈現方式比較好，照理說大部分的人也會跟你想的一樣。絕大多數的最佳商業決策，來自於高品質、即時和簡潔的資料，而其中最重要的關鍵就是：簡潔。

▌你需要什麼資料才能做出健全的決定？

　　高品質而且即時的資料包含：關鍵成功因素（CSFs）和關鍵績效指標（KPIs）。它們是企業成功所需燃料的開關。舉例來說，關鍵績效指標（評估一個持續進行的特定活動流程）是：

- 毛利率
- 每月新增顧客
- 迴轉率成長
- 應收帳款天數、應付帳款天數
- 股東權益報酬率

　　關鍵成功因素是一個組織或專案，為了達成任務所需具備的因素。它們可能是：

- 指派新的執行長
- 達成市佔率目標
- 整合企業內部資訊系統

　　所有的關鍵成功因素都要符合SMART原則，也就是：具體性、可衡量性、可達成性、與其他目標的相關性以及時效性。

　　這些指標毫無疑問地會隨著時間而改變或調整，重要的是，它

們的數量必須保持在最低限制內。如果一個專案或公司正在追蹤的關鍵成功因素和關鍵績效指標超過六個，這代表經理人有些走火入魔了。太多的指標不只會拖延決策流程，更糟的是，可能會演變為猶豫不決。

更多這些關鍵績效指標和關鍵成功因素的應用實例，請參考第十章。

來自財務部門內部的觀點

有些決定權是被財務部門（不論是財務主管和其團隊，或是公司外部的稽核人員）緊緊抓住，非財務經理人根本無法參與。然而，即使非財務經理人乍看之下在第一時間對於決策沒有直接的影響力，仍然必須對於公司可能面臨的負面效益，保持高度警覺。讓我們來看看，哪些是需要注意的重要事項。

借款／負債與股東權益

公司或部門通常會用貸款或是調整股東權益的方式，來取得用於拓展事業的資金或是可立即使用的現金。貸款就是借錢，大部分的負債是含有擔保品的資金，具有清楚的還款和利息支付計畫。另一方面，股東權益是在企業內部的無擔保投資，有時候可能根本沒有明確的退場機制或投資報酬。最後是由哪個方案勝出，對組織的財務表現影響頗大。

首先，股東權益投資通常懷抱著在高風險中拿到高報酬的期待。有些人或組織之所以會想取得公司股份（這就是所謂的股東權益投資），是因為如果公司營運狀況不錯，他們就可以分到一部分

的獲利，也就是所謂的股利，你也可以稱它為分紅。這種投資的成功機率落差很大，假設公司的獲利很高，你就可能拿到一筆很可觀的股利；但也可能因為公司沒有賺到足夠分配的獲利，一塊錢都拿不到。

如果是分期償還的貸款，狀況可就完全不同了。不論有沒有賺錢，公司都必須付利息給出資人，當然也會有資金償還的要求。也就是說，公司必須支付貸款的利息，並在規定的時間內，還清所有的借款金額。

這些款項雖然不是根據獲利狀況來支付，但也要在公司現金充足的情況下才付得出來。

實例

A 公司用它的應收帳款（應收發票）或是客人收到產品或服務後還沒有付清的餘款作為擔保借了 10,000 元，條件是每年償還本金 2,500 元，並支付比基本利率（也就是銀行利率）高 5%的利息。在這裡我們假設基本利率是 1%。

損益表是總結一間公司在特定期間財務交易的財務報表。這份報表呈現了營收（銷售或收入）、費用（成本）和這兩者之間的淨差異——也就是獲利。（更多關於損益表的資訊，請參考第四章。）A 公司的貸款會在損益表上，以 600 元的利息（這是一筆成本）出現，造成公司第一年獲利下降。

資產負債表是一份關於資產（公司擁有或是借出的東西）減掉負債（公司借來的東西）的財務報表，這兩者之間的淨差額就是我們說的淨資產。（更多關於資產負債表的資訊，請參考第六章。）A 公司的貸款會讓資產負債表上出現 10,000 元的負債，

它會以現金（資產的一種）增加 10,000 元的方式來做平衡。一旦錢被花掉，公司的淨資產價值就會減少。

就外部而言，公司的債務（具法律效力，讓某個組織有權利可以把特定資產賣掉來抵債的文件）都會登錄在公司註冊局（編按：台灣則為經濟部商業司。）的資料庫中。一旦有債務，即使沒有被收取任何的外部費用，公司拿資產來借錢的能力也會因此被削弱。出借人，甚至是公司內部的其他部門，在考量未來的資金需求時，都會把公司已經存在的債務列入考慮。

現金流量是公司在特定期間內產生的現金金額。為了負擔這個貸款，公司或公司中的部門需要在第一年取得 3,100 元的現金，才足夠支付利息和本金。當然，這筆錢也可能是從那借來的 10,000 元中出的。但，這筆貸款原本的目的，不應該是用來支付利息！

相反地，**B 公司**則是選擇了金額 10,000 元的股東權益或是股份投資。出借人因此可以得到 30% 的報酬。當然囉，就跟股利發放的方式一樣，只有在公司有獲利時，他才能拿到這筆 30% 的報酬。這樣的融資方式完全不會影響 B 公司的**損益表**。儘管公司真的賺錢了，股利也是從課稅後的獲利中發放，實際的比例可能會比 30% 高，也可能會低於 30%。投資進行的方式會決定報酬怎麼支付。

B 公司的**資產負債表**則是因為股東資金的增加而被強化，這樣的效果會一直持續下去，直到股份被買回來或是被賣出去。

就外部而言，第三方通常會給用股東權益作為企業投資的公司正面的評價，這代表他們認為，在其他人的眼中，這是一間值

得投資的公司。

首先，B 公司的**現金流量**會增加 10,000 元，而且不需要償還股東權益投資的金額，除非／直到公司有獲利為止。即使公司真的在第一年就賺錢了，投資人最多也只會拿到 30％的報酬，這 3,000 元比上面提到，用貸款取得資金所需支付的 3,100 元來得少！

雖然不像建立在負債上的交易那樣明顯，對於有獲利的公司來說，每年還是會有現金的花費產生。然而，對於以負債為基礎的交易來說，如果貸款的基數是固定的，貸款總額因著償還本金會逐漸減少，產生的利息花費也會跟著降低。

貸款好還是調整股東權益好並沒有正確解答，不同的狀況都應該要獨立來看，並且評估優缺點。調整股東權益對於尋求資金的個人或組織來說，到頭來可能比貸款來得昂貴。但基於它是不需擔保的融資方式，可能也是唯一的選擇。同樣地，在依照擔保資產決定貸款金額的限制下，透露了貸款這樣的融資方式是會讓公司的成長受到侷限。

當然，籌措資金的方式並不是影響財務表現的唯一因素。這也可能是來自於對計算買進資產的折舊比率或方法的選擇。（更多現金和獲利的差異分析，請參考第五章。）

▌還有什麼會影響財務報表？

折舊

折舊是一種會計工具，用來計算某項資產在它的使用壽命裡，任何一個時間點的期望價值。

折舊基本上有兩種：直線折舊和加速折舊。要用哪一種方法，是由董事們（包括財務董事）和會計師達成共識而決定。

你該注意的第一件事是，折舊對於現金流量或是應稅獲利計算一點影響也沒有。然而，它會影響決定股利發放的獲利計算，和特定分析比率的計算。它也會影響資產的淨帳面價值，因此，也會對企業的淨值造成影響。

舉例來說，如果你用 500 元的成本買到一張桌子，你希望它可以使用四年，四年後你就會把它丟了。你可以用直線法以 25% 的比例來計算這個資產的折舊。它在損益表上的呈現方式會像下面這樣：

年度	獲利的減少
第一年	125 元
第二年	125 元
第三年	125 元
第四年	125 元

這張桌子的淨帳面價值在資產負債表上會有下面的變化：

年度	淨帳面價值
第一年	375 元
第二年	250 元
第三年	125 元
第四年	0 元

相反地，如果你用 500 元買了這張桌子，期待它在使用了四年後，還能夠在期末用某個價錢賣掉，你會使用 25％的折舊提列方法來減少這張桌子在資產負債表上的價值。這個折舊方法是依據減少的價值來計算費用的比例，而不是用當初購買它的原始價值。這在損益表中會有下面的變化：

年度	獲利的減少
第一年	125 元
第二年	93.75 元
第三年	70.32 元
第四年	52.73 元

在資產負債表上的淨帳面價值會像這樣：

年度	淨帳面價值
第一年	375 元
第二年	281.25 元
第三年	210.94 元
第四年	158.21 元

　　所選擇的比例和使用的折舊方法，帶來的影響非常顯而易見。在第一個例子中，公司或部門在四年中的獲利減少了 500 元。在第二個例子裡，四年的獲利減少了 341.79 元。也就是說，B 公司的獲利比 A 公司多出了 158.21 元，資產負債表上的資產價值也比 A 公司高。

　　身為一個非財務經理人，儘管折舊方案不在你的職務管轄範圍，但在看資金預算時，你至少要了解它們會對你的報表或預算產生什麼影響。（更多關於預算的資訊，請參考第七章。資本投資評估的相關資訊，請參考第九章。）

　　折舊事實上就是一個對公司營運表現造成影響的財務政策。另一個會影響公司表現的政策，是你怎麼評估你的存貨和在製品的價值。

　　不論最後選擇的是直線折舊或是加速折舊的提列方式，你應該針對這個折舊項目的預估最後價值，來思考你所使用方法的正確性。直線折舊法代表，到了折舊過程的最後，這項資產價值會歸零，面臨被丟掉的命運，資訊設備就是一個例子。同樣地，使用加速折舊法，是因為你知道這項資產到最後還會有剩餘價值，雖然這個價值可能不是太高。汽車就是一個常見的例子。

存貨和在製品

　　根據會計慣例，存貨和在製品的估價方式是：在成本和淨實際價值中，挑選金額比較低的一個。這邊討論的，就是財務部門所謂的成本。但是，實際的成本到底是最近期的成本？平均成本？加權平均成本？還是移動平均成本？

存貨計價法

最常見的主要存貨估價方法是先進先出法、後進先出法和平均成本法。

先進先出法：假設最舊的存貨項目會先被賣出。

後進先出法：假設最近期製作的商品會先被賣出。

上面這兩個方法只是存貨計價的方法，不代表實際的實體商品會在賣出去的時候被追蹤。

而**平均成本法**則假設：存貨的成本是依據在某個期間內的可銷售存貨的平均成本來計算。

加權平均成本法將可銷售存貨的成本相加後，除以從開始有存貨和採購時的產品總額。這讓每個品項都有自己的加權平均成本。實際的計算會是在期末存貨的數字，用來確認剩餘的產品數量。最後，這個數量乘上每個品項的加權平均成本，就能得到一個期末存貨成本的估算金額。

如果要使用**移動平均法**，前提是已經知道期初存貨成本和期末存貨成本的金額。從這兩項數據可以計算出每個單位的期初存貨成本。一年中會有很多次的採購，每一次的採購成本都會加到期初存貨成本裡，以得到目前的存貨成本。同樣地，買了多少東西也會加到期初存貨裡，這樣一來就能算出可供銷售的現貨商品數量。在每一次採購後，現有存貨成本除以目前可銷售存貨，就會得出每個商品單位的目前成本。在這一年裡，也會有很多次的銷售。

賣掉的商品數量會從現有可銷售存貨扣除，賣出的商品會從現有存貨成本扣除，如此一來就能獲得最即時（指的是在這次銷售前）每個商品單位目前的成本。這些被扣除的成本會轉而加到銷貨成本裡面去。

在一年的最後，透過實際的計算，每個商品單位的最終成本，會用來決定期末存貨成本。

非財務經理人的問題會是：這種類型的決策，和資產負債表上的金額，或是公司的獲利，到底有什麼關聯？

答案很簡單。如果你選擇了一個讓存貨價值比較高的方法，當然這樣的選擇和產品或是服務的特性有關，那麼公司的淨資產價值會因此較高。（更多關於資產負債表和淨資產的資訊，請參考第六章。）這樣的狀況只會在某個時間點看起來很明顯，但是這可能跟公司或部門的目標有很大的關係。

從另一個角度來看，如果存貨價值很高，當存貨賣出去的時候，除非賣出的價格也成正比地提高，否則獲利就會因此下降。（更多關於這類型選擇所造成的影響的深入資訊，請參考第四章。）

▌外部力量如何影響財務決策、報表和政策

一般公認會計原則（Generally Accepted Accounting Principles，GAAP）是用來記錄和呈現會計資訊和稽核財務報表的指導性原則和流程。但對於內部使用來說，這不是法律，也不需要應用在管理相關資訊的處理上。它們是滿好的工作原則，大體上被國際的會計專業人士採用，但重要的是，非財務經理人得了解這些選擇背後的意義。

除了很小的公司以外，所有的公司都需要提供公開財務報表附註。這些附註說明了公司採用的會計原則。嘗試解讀財務報表時，一定要讀它！研究已經公開的財務報表，財務報表附註是你開始的

第一步。

　　管理會計報表和財務會計政策通常是財務團隊的職責，但卻會明顯地影響到公司和它的財務表現，所以你應該要清楚地了解這些資訊所代表的涵意。

▌股東的要求和訴訟

　　股利是公司分享獲利的一種方式，依據股東在公司裡持有的股份比例進行分配，並符合任何附帶於股份持有上的特別條件。

　　當然，股東往往期待投資能有回報。股利分配的金額和頻率，掌握在董事的手中，是他們決定要不要支付股利給股東。一旦股利發放通過了，這就會變成一項應該支付給股東的債務。

　　當股利分配出去時，會影響到現金流量，（什麼會對現金流量造成影響？請參考第五章。）接下來它會影響到可以拿來用於其他公司需求的可動用現金，不論是為了投資還是整頓的需要。這是一個如何取得平衡的問題。如果沒有讓股東拿到他們可以接受的報酬，股東可以有其他更好的選擇，當然這指的是上市櫃公司的股東。他們可以賣掉公司的股票，轉而把錢投資在其他能拿到可接受報酬的標的上，當然，他們也可能繼續死守在這裡。

　　在非上市櫃公司裡，因為沒有實際的市場可以賣出股份，更不可能出現用優先股發放股利給股東的情形。但這可不會讓心有不滿的股東就此善罷甘休，此時，可以運用一種叫作股東代表訴訟（又稱派生訴訟，derivative action）的有力工具。（編按：在臺灣訴訟實務上，股東代表訴訟之實例並不多見。）

▍策略的影響

節省成本

　　身為非財務經理人的你，可能參與更大的決策。舉例來說，收掉一個部門或一個處，甚至更糟的是，關掉一間公司。

　　任何具有類似特性的決定，都會影響現金流量。這些決定背後，最終目的可能就是省錢。儘管一開始討論的問題會是，相對於現金和獲利，短期的成本是多少？因為我們往往低估了成本，所以將一些應該思考的項目列出：

- ■　法律費用
- ■　遣散費
- ■　場地清理
- ■　專業顧問費用，例如：財產的清算
- ■　存貨和資產的銷售損失，拍賣時不可能用原價賣出
- ■　某些公司或部門不再使用的設施或設備，仍然需要支付的租賃費用
- ■　員工利益受損而產生的法律訴訟，例如：不正當的解僱
- ■　清除或重新配置的費用
- ■　財產在無人管理且沒有賣掉的狀況下持續產生的利息和服務費
- ■　保全服務
- ■　無法量化的管理時間成本，和其中因注意力分散而產生的耗損

利率

資金成本和利率是少不了的議題。當我在寫這本書的同時,英國的利率來到歷史的新低,但奇怪的是,資金還是很難取得。許多商務人士的腦中塞滿了這些問題:我們應該要借錢嗎?我們借得到錢嗎?利率會是多少?如果我們有談判的能力,我們能讓這個利率維持在相對的低點多久呢?

結果可能是,財務團隊做出「避險」的決定。對於非財務經理人來說,「籬笆」(譯註:hedge 同時有避險及籬笆之意)聽起來像是一種圍繞著田地或特定區域,管控門戶的綠色且茂密的東西。以財務面來說,「避險」事實上和這種葉子茂密的綠色東西有很多相似處。它就是一種財務工具,用來管理波動和風險。

實際上,使用避險是會產生已經存在的借貸成本。這有時候被稱作上下限,如果財務部門有利率的上下限,意味著他們和出借人達成協議,不管利率上升或下降,在某個比例區間內,借款人不會因為利率下降而少繳利息,也不會因此而陷入利率提高的不利狀況。

當然,這樣的協議對雙方都有風險,如果利率掉到說好的底限之下,借款人不會因此獲得什麼好處;同樣地,如果利率超過說好的上限,他們也無須用提高後的利率支付利息。

在市場上,0.5%的利率是非常少見的,這種利率下限跟免費借錢沒有什麼兩樣,所以用來獲得避險的工具費用,也是總財務成本的一部分。

若對象為重度借款者(也就是常常借一大筆錢的人),限制利率通常是明智的選擇,這確保借款成本能維持某種程度的穩定性。

國際匯率管理

我們身處全球市場，許多公司因著最近的利率普遍受到跨國的影響，而面臨了匯率波動的風險。財務團隊可能因此發現，買進遠期匯率（buy forward）是比較穩健的策略。遠期合約是訂約雙方以預先約定好的匯率價格執行特定交易（透過貨幣）的協議，簽署契約的其中一方很可能是匯率業者。

另一個替代方案會是在特定時點的匯率買進貨幣，例如：今天的匯率。

雖然公司的績效表現會跟最後賣出商品或服務的價格，以及根據匯率的高低起伏調整售價的能力有關，但現在買進貨幣或是使用遠期匯率的決定，仍會對公司營運表現產生影響。

如果你的商品售價彈性很大，現貨價格（spot price）是最好的選擇；但對大部分的公司來說，這樣的彈性並不存在，所以買進遠期匯率是相對謹慎的方式。然而，買進遠期匯率是假設未來匯率會往上走，但若實際狀況是匯率下跌時，你的售價就會明顯地變得沒有競爭力。很少公司可以承受這樣的情況，所以應該要怎麼做？大部分的遠期合約，在再次變動利率之前，不會有額外的費用產生，因此，你可以選擇要不要使用你的資金。但這是在下面的假設之下

1. 你在特定日期都能擁有足夠的資金來兌換這些貨幣，不論這個日期是什麼時候。
2. 你同時擁有充足的其他資金，能夠用更好的匯率拿到錢。

▍商業道德

當公司內部有些狀況開始走樣時，考驗著執行者的道德操守，以及它們會不會做出在其他狀況下不會做出的決定。

安隆的董事和最近以來許多的銀行或金融機構，從蘇格蘭皇家銀行、蘇格蘭銀行到勞埃德銀行，都因著做出一些嚴重違反道德操守的決定，而遭受到嚴厲批評。

像道德標準這樣的議題，是非常主觀的。某個人像是恐怖份子的攻擊行為，在另一個人的眼中，可能是捍衛自由的行動。然而，大部分的公司或部門擺在第一優先的都是獲利。而符合道德標準的方法，有時無法達成股東期待或實際要求的獲利。注重財務表現的非財務經理人不會立刻看到自己做決策時所秉持的道德觀點將帶來怎樣的財務影響，這讓財務困境成了道德操守的嚴厲考驗；更確切來說，如果經理人真的了解後果，就不會對於決策過程掉以輕心。

跟財務團隊溝通，評斷決策的最好方式，就是以正確的財務原理為準則。跟他們爭論某個決定是不是符合道德標準，倒不如從財務的觀點，討論這個決定的長期影響是什麼。（更多關於獲利驅動力的資訊，請參考第四章。）

沒有人永遠是對的，有一句名言是這麼說的：「沒有犯過錯的人，通常都不是跑在前面的人。」這句話，千真萬確。

有些決策毫無疑問地對於財務表現有正面影響，有些卻不是。最後的影響是什麼，就是一些對決策過程有點幫助的馬後砲罷了，實際上，葫蘆裡到底賣的是什麼藥，根本沒有人知道！就像很多出版業者在拒絕了 J.K. 羅琳的手稿後，才發現自己虧大了！

2

誰需要會計資訊？
他們為什麼需要？

在幾乎所有資訊都可以在網際網路上拿到的世界裡，任何商務人士都應該對於公司股東如何運用公司財務資訊有一定程度的了解。不僅是資訊來源的多樣性，資料如何以前所未有的速度被取得，也是不可不知的環節。

身為一個經理人，你需要擁有優異的理解力，去掌握公司資訊的使用者和數據分析背後的意義。當然，如何避開潛在的隱藏危機，更是你不可以缺少的能力。

可視為潛在的資料使用者：

- 顧客
- 供應商
- 出資人（私募股權和資產投資）
- 股東
- 財務部門
- 稅務局與海關

■ 主管機關
■ 地方及中央政府
■ 雇主及未來的雇主
■ 競爭者及未來的競爭者
■ 工會
■ 公司的其他部門
■ 公司未來的買主
■ 會計師與稽核員
■ 律師

這些潛在的使用者中，不論是個人、團體或是公司，都可能為了某些相似的原因而需要會計資料，例如他們都想要了解公司或部門的健康程度；有些人或許是出於高度的投機心態，當然也有些只是單純覺得好奇而已。

▌強制的要求

有些資訊是公開的，任何人都可以看到，儘管有時候可能需要先付一點合理的費用。以公司註冊局（編按：相當於台灣的經濟部商業司）為例，點閱整份檔案的費用，目前是 4 英鎊；閱讀像是財務報表這樣的單篇檔案，費用是 1 英鎊。有些資訊則是非公開的，只有經過授權的人才能看到。不過，有心想看到的人，仍然可能在沒有經過許可的情況下取得這些資料。

公司資訊可清楚地分成兩個類別：公開的財務會計資料和非公開的管理會計資料（請見第 8 章）。

財務會計資料是提供給外部單位或主管機關的資訊。管理會計資料則是為了公司治理而製作的。

既然如此，到底為什麼需要記錄這些會計資訊？

所有公司都需要繳交以年度為單位的財務報表給公司註冊局。非上市櫃公司要在會計年度結束後的九個月內繳交；上市櫃公司則是要在七個月內繳交。

公司規模不同，要求也不一樣

除此之外，不同規模的公司，也有不同的繳交規定。以公開的資料範圍來說，中小型企業可以不用公布某些資料，但大型企業就必須要提供更多詳細的資料。

中小型企業

依照二〇〇六年公司法（Companies Act 2006）規定，只要公司的財務數據，低於表 2.1 中列出的三個認定標準的其中兩個，就被歸類為小型或中型企業。（編按：台灣的中小企業認定標準請見附錄 G-1）

表 2.1 小型和中型企業的認定標準

	小型企業	中型企業
營業額	650 萬英鎊	2590 萬英鎊
淨資產	326 萬英鎊	1290 萬英鎊
平均員工人數（以月為基準）	50 人	250 人

小型企業可以不用繳交完整的財務報表，但仍須提供下列文件：

■ 稽核／會計師查核報告（有需要的話）
■ 資產負債表
■ 資產負債表附註

中型企業的財務報表中需包含下列的文件：

■ 損益表
■ 資產負債表
■ 財務報表附註
■ 集團報表（如果是中型集團的話）
■ 董事會報告和營運報告
■ 會計師查核報告

大型企業

標準財務報表包含：

■ 董事會報告和營運報告
■ 稽核／會計師報告或免除查核的詳細說明
■ 損益表
■ 資產負債表
■ 損益表附註和資產負債表附註

第六章將詳細說明資產負債表的相關資訊。

▌查核要求

有些企業不但需要公開資訊，這些資訊在公開之前，必須要先經過查核才行。沒錯，這又跟公司規模大小有關。雖然查核流程對於某些特定企業來說才是強制的規定，但是任何公司的股東都可以透過投票，要求設置查核流程。

除此之外，有限責任合夥（LLPs）也必須經過查核，除非公司規模小於方才所列出的小型企業認定標準。符合小型集團認定標準的公司，也可以免除查核流程。

所謂的「小型集團」，指的是至少符合下列兩項條件的集團：

- 總計營業淨額小於 650 萬英鎊（或是總計營業毛額小於 780 萬英鎊）
- 總資產淨額不超過 326 萬英鎊（或是總資產毛額不超過 390 萬英鎊）
- 集團平均員工人數不超過 50 人

如果你待的是小型企業或小型集團，要取得免除查核的資格，你的公司必須同時符合以下資格：

- 符合小型企業或小型集團的資格認定
- 營業額不超過 650 萬英鎊
- 總資產不超過 326 萬英鎊

還有，董事會必須投票表決同意，公司的財務報表不需經過查核流程。

獨資或無限合夥，不需要公開財務報表，因此也不需要有查核

流程。儘管法律沒有強制規定，公司仍然可能為了擬定合夥契約的需要，或是依照出資者的要求，進行查核流程。

公開發行的股份有限公司則一定要有查核流程。

查核人員的角色

查核人員的角色究竟是什麼，可能是此刻最需要注意的部分！他們到底應該做些什麼，就跟各種有關於他們的傳說一樣，充滿神祕感。

查核人員的任務就是「不要」向董事會報告！向公司成員或股東報告才是他們的工作。董事跟股東（成員）當然可能是同一個人，但是在法律上，這兩個角色是完全不同的法人身分。

查核人員的職責所在，是用獨立觀點來檢視董事會提供的財務報表，並依據企業當時的狀況，提出公正且準確的查核報告，查核報告有以下的意見類型：無保留意見、修正式無保留意見、保留意見、否定意見或無法表示意見。

財務查核，或者更精準的來說，財務報表查核，就是對於公司或任何法人（包含政府及有限責任合夥）財務報表的評論，針對這些財務報表內容是否符合相關性、準確性、完整性及公平性的原則，公開地提出獨立意見。

查核檢查的是即時可以取得的資料，而不是詳細地檢查每一筆財務交易。非財務主管及資深經理人通常以為，查核人員會為了要完成查核報告，而檢查所有的交易記錄，因此帳目一定會是百分之百的正確。事實卻永遠不是這樣。

查核人員並不是像一般所想的那樣，專門揭發騙局。雖然他們

的確會為了要提出適當的報告，必須揭露任何看起來可疑的狀況。

▎非強制要求的資訊

在了解根據法律規定，需要公開揭露的資訊後，讓我們來看看，哪些資訊不在必須對外公開的名單中，但在現實狀況中，卻隨時有可能被要求要公開的原因。

要求提供的資訊包含：

- 管理會計報表
- 預算和預測
- 營運計畫
- 陳年舊帳：應收帳款和應付帳款
- 貸款協議
- 資本支出計畫
- 投資協議
- 銀行契約
- 會計師查核報告
- 保險及理賠歷史記錄
- 或有負債分析
- 未公開的關鍵績效指標，例如：折讓單的產生
- 風險管控表及政策
- 健康與安全記錄
- 管理團隊與董事的履歷與資格考核
- 分期付款和租賃合約

　　法律沒有強制規定需要公開的資訊，不代表與投資者擬定合約（履行某個特殊要求的承諾，例如：每個月的 15 日提供管理會計報表）時也不需要提供。

　　必須記得的是，你提供的資訊對公司所有的層面都會產生影響。這些資訊可能包含：獲得一條新的生產線、聘用一位潛力十足的員工、維持不錯的信用額度，甚至是像從公司內部或外部拿到更高的信用額度這種更重要的事情。

▍解讀公開資訊

　　儘管所有的資訊都可能有不同的解讀方式，最重要的是，了解會計資訊是怎麼被解析的。最差的狀況下，這讓你至少可以在事情發生前，有點心理準備；最棒的狀況就是讓你能取得先機，主動提出問題。

大家都拿得到的報表

　　1. 完整報表（請參考附錄 B 的完整報表範例）

　　或是

　　2. 簡明報表（請參考附錄 C 的簡明報表範例）

　　完整報表通常包含（編按：台灣實務狀況請參見附錄 G-2）：

- 損益表
- 由公司董事或指定的有限責任合夥成員，所簽署的資產負債表。資產負債表副本也必須載明，代表董事會簽名的董事或是有限責任合夥指定成員的姓名。
- 會計師查核報告。除非這個公司或有限責任合夥符合小型

公司符合免除查核的標準。如果報表經過查核流程，查核人員的報酬也是必須在財務報表附註中揭露的項目（包含任何類似的津貼）。查核報告副本必須記載查核人員的姓名。如果查核人是公司，查核報告必須載明查核公司名稱，和代表公司在報表上簽名的資深法定查核人員的姓名。

- 董事會報告。這是一份由董事或是公司秘書長所簽署的報告。秘書長通常是說明公司主要活動、企業回顧、未來展望的重要角色。在公司登記局留存的副本，則不需有簽名。報告一旦經過簽署，就必須載明是誰簽的名。從 2007 年 10 月 1 日開始，董事會報告也必須包含企業回顧。這份回顧必須包含公司的經營表現與未來展望。這個規定適用於除了小型企業與有限責任合夥以外的所有公司。

- 在公開發行有限公司的董事會報告中，董事的名字、任何股份持有、股份選擇權、股利發放明細、研發記錄和當年度的政治及慈善獻金，都需要列出。

- 一定要有財務報表附註。否則，公司登記局可是會退件的！

- 如果符合集團的條件規範，也必須要提交集團報表。

即使法律許可，繳交簡明報表仍可能對企業的信用評等造成一定程度的影響。這是因為當某個面向看起來不夠明確時，一般傾向會對於像是獲利、營業額等項目做出負面的結論（上面兩個數據，都不會公布在簡明報表裡）。

營運狀況良好的企業若能提交完整報表，就具有絕對性的優勢，因為數字自己會說話。甚至對營運狀況不佳的企業來說，提交完整報表也是明智之舉，這能給予董事一個針對衰退提出相關說明的機會。

▋管理數據

大部分的財務數據是不公開的，但內部員工或外部股東可能會要求看管理數據。提出這些要求的原因可能是為了：信用額度核准、籌措資金、供應商付款條件、員工職務角色、股權持有、資本支出、定價協商。（欲了解更多關於管理會計資料的資訊，請參考第八章。）

管理資訊，望文生義，一開始很容易讓人覺得是在談管理。然而，卻因為它提供的數據是針對公司或部門表現的深入分析，使得公司外部人士對於這些資料的詢問度越來越高。

既然如此，你的顧客，或是潛在的顧客，又會需要什麼樣的資料？他們應該如何使用這些資料呢？

除了一般的商業議題之外，一般顧客可能會想了解，下面這些和公司有關的事項：

1. 和其他的供應商相比，你的毛利怎麼樣？這能告訴他們，你的價格是否具有競爭優勢。
2. 透過應收帳款收款天數，就可以知道你在提供信用額度上是不是夠慷慨。
3. 用存貨周轉天數判斷，你是不是能達到他們的需求。
4. 依據其他的顧客資料了解，你是不是他們競爭對手的供應商。
5. 公司狀況是否穩定，也就是，你是否有能力讓供應鏈保持順暢。
6. 員工流動率。

當然，沒有任何財務數據能夠強大到百分之百符合事實，但在一般的情況下，上面這些問題，可以透過一連串數字的力量得到解答。

▍企業健康檢查工具

更多關於健康檢查流程的資訊，包含健康檢查的建議清單及報告格式，請參考第十章。

獲利

跟其他資訊相比，要從完全公開的財務報表中，取得獲利數據是非常簡單的。但要注意的是，這些數字可能早就過時了！沒有上市櫃的公司在會計年度結束後，有九個月的時間可以慢慢地繳交報表。假如公司不需要提供完整的財務報表，要拿到精確的獲利資料，根本是不可能的。

管理報表（請參考附錄 A 的管理會計報表範例）通常比較即時（通常是在一個月後製作），而且會清楚地呈現，當月和截至當月為止的年度獲利、毛利、淨利。當然，這是放諸各個產業皆準的報表，因此可能沒有辦法滿足潛在客戶評估公司價值的需求。如果是要用它來跟競爭對手做比較，這是一個還不錯的入門方式。精明的客戶可能會更進一步地希望了解成本的細節（這就是所謂的「開簿會計」，這代表著，買方與賣方互相公開成本的情形，變得越來越常見）。

應收帳款的回收

即使公司的條款中，已經清楚地記錄信用額度，實際上的執行通常不是這麼一回事。如果可能的話，至少透過不同的財務公式，

評估一下信用控管是不是夠有魄力。例如，計算平均收款天數。計算方式如下（假設你使用的是年度會計報表）：

$$\frac{應收帳款}{營業額} \times 365$$

例如：

$$\frac{1,500}{12,150} \times 365 = 45 \ 天$$

例子中所得出的 45 天，是滿正常的數字。但如果公司講好的付款條件是 30 天，計算出來的應收帳款收款天數卻是 45 天，結論應該滿明顯的吧？

存貨周轉天數

經驗老到的生意人都知道，維持剛好的存貨數量是多麼重要的一件事！要足以應付銷售需求，卻不會讓珍貴的營運資金被套住。

然而，客戶很少會想到營運資金這個層面。相反地，他們在意的只是他們下的訂單能不能準時交貨。存貨周轉天數可以從完整財務報表中迅速地計算出來，但如果用的是簡明報表，就無法了。但是如果能拿到管理會計報表，就可以用下面的公式計算（這裡假設你使用的是年度會計報表）：

$$\frac{存貨}{銷貨成本} \times 365$$

舉例來說：

$$\frac{900}{8,000} \times 365 = 41 \text{ 天}$$

也就是說，這個公司的存貨足夠供應 41 天的銷售。

企業穩定度

對一個企業對顧客（B2C）或是企業對企業（B2B）的供應商來說，知道其他供應商的資訊非常有趣，如果能知道更進一步的細節就更棒了。

相對於被嚴密保護的商業機密，供應商資訊可能為了爭取未來客戶，而被迫曝光。這些資料通常只能在管理數據中找到。

有鑒於近來慘烈的企業失敗率，（超過 50,000 家企業在二〇〇九年十月這段期間面臨資產清算的窘境。二〇〇八年約為 20,000 家的數據，已經比二〇〇七年增加了 50%，但二〇〇九年的狀況相較之下更糟糕）對所有公司來說，企業要繼續經營下去，供應鏈的穩定扮演了非常關鍵的角色，它更是以實體商品為主要銷售項目的企業最重要的基礎。

當然，沒有人可以完全正確地預測企業到底會不會失敗，或者清楚地解釋為什麼一項事業會失敗，但仍然有一些可以聞到蛛絲馬跡的警訊：

■ 流動性
■ 槓桿
■ 股東權益報酬率

■ 利息保障倍數
■ 資本報酬率
■ 壞帳比例

上面列出來的只是其中的一部分。

下面列出這些比率的公式，和應該達到的基本水準。

流動性

流動比率普遍被認為是企業流動性程度的指標。計算方式如下：

$$流動比率 = \frac{流動資產}{流動負債}$$

流動比率介於 1～2 之間，代表信用風險不錯，萬一借款人拖欠應支付的款項，出借人即使在自己的負債即將到期（例如：銀行透支。銀行透支被歸類在流動負債的項目中，因為流動在會計術語中的定義，是在未來的十二個月內到期的金額）的狀況下，也可以稍微放心，因為他們不但不需要為了支付款項，出售像是建築物的固定資產，反而能利用像是股票之類更容易變現的資產，來支付即將到期的帳務。

因此，一個企業如果能有相當於兩倍流動負債的流動資產，就能大大地提高出借人的安全感。

槓桿

$$債務股本比 = \frac{長期負債}{所有資本}$$

　　對於出借人來說，超過 50％的比率，就會被視為高槓桿。高槓桿指的是，公司的資金來自於債務（借錢）的部分，大於股東權益（股東的資金）。但下面的例子說明了，在一段時間後，高槓桿實際上可能帶給投資人更好的報酬，就算把已沒有獲利的年度納入計算中，結果也是一樣。

　　然而，對於出借人（也就是提供貸款的人）來說，一旦企業的營運獲利不足以負擔銀行利息，可能會使他們出借的資金無法回收。任何接續這個情況而來的利率上升，都可能會讓出借人的處境更加危險。

低財務槓桿

股東權益	16,000
長期負債（10%）	4,000
所有資本	20,000

	第一年	第二年	第三年	第四年	第五年
營業獲利	4,000	3,000	**2,000**	1,500	1,000
利息	400	400	**400**	400	400
稅前獲利	3,600	2,600	**1,600**	1,100	600
稅金（25%）	900	650	**400**	275	150
稅後獲利	2,700	1,950	**1,200**	825	450
股東報酬	16.9%	12.2%	**7.5%**	5.2%	2.8%
平均	8.9%				

高財務槓桿

股東權益	4,000
長期負債（10%）	16,000
所有資本	20,000

	第一年	第二年	第三年	第四年	第五年
營業獲利	4,000	3,000	**2,000**	1,500	1,000
利息	1,600	1,600	**1,600**	1,600	1,600
稅前獲利	2,400	1,400	**400**	(100)	(600)
稅金（25%）	600	350	**100**	-	-
稅後獲利	1,800	1,050	**300**	(100)	(600)
股東報酬	45.0%	26.3%	**7.5%**	(2.5%)	(15.0%)
平均	12.3%				

股東權益報酬率（ROE）

$$股東權益報酬率\% = \frac{息後稅後淨利}{所有股東權益}$$

　　因為不同股權投資者所持有的股份數量都不一樣，而且持續變化，這個比率很難精準計算出來。但是對於一個投資機構來說，股東權益報酬率至少要達到 35%。

利息保障倍數

$$利息保障倍數 = \frac{息前稅前營業獲利}{利息費用}$$

　　用來衡量企業支付負債利息能力的指標，數值愈高代表企業的償債能力愈佳。銀行要求的最低營業獲利是利息的三倍。這確保即使在企業獲利下滑時，銀行仍然可以收得到每個月的利息。

資本報酬率（ROCE）

這個比率指出企業資金投資的效率與獲利率。換句話說，它說明了公司運用資金來賺取收入的能力好壞。

正常來說，資本報酬率應該高於企業的借款利率，否則借款一旦增加，就會讓股東報酬降低。

資本報酬率與股東權益報酬率的差別在於，股東權益報酬率指的是公司用股東投資的錢所賺到的利益，而資本報酬率則代表，用股東和貸款人的錢的總和所產生的報酬。

$$資本報酬率 = \frac{息前稅前營業獲利}{所有資金}$$

25％的資本報酬率，通常是可以被接受的數字。但資本報酬率可接受範圍，通常會隨著股東和他們的要求而有所不同。

壞帳比

要量化足以造成威脅的壞帳程度，是有困難的。但是，超過1％的壞帳比率，通常會被視為問題人物！

關係

顧客與企業的最終決勝點通常是回到個人關係上。商品持續供應不斷貨固然重要，但如何持續維繫這個極為重要，無法以金錢衡量的顧客關係，是更重要的課題。

員工流動率

員工流動率高的公司，不一定就表示公司體質有天生的缺陷。它可能是公司所屬產業的特徵，例如旅遊業、餐飲業、具季節性的產業。但可以確定的是，精明的顧客即使知道公司有這樣的特殊狀況，他們仍然會因為較高的員工流動率，而給出負面的評價。公司的員工流動率是否符合產業界的標準數據，才是最重要的評估點。

員工流動率的計算方式：

$$\left(\frac{當年度人數}{目前員工人數} - 1 \right) \times 100$$

舉例來說，如果在一年之中，公司雇用了 75 個員工，現在的員工人數是 50 人，我們可以計算出：

75 / 50 = 1.5
1.5 – 1 = 0.5
0.5 × 100 = 50％ 的流動率。

當然，若想計算出員工流動率，也要公司願意公開它的管理資訊才行。

▊ 利害關係人可以拿到的資訊

供應商

　　每個供應商，或是未來的供應商，取得的交易條件通常會不太一樣。想當然爾，對於大部分的供應商來說，企業能不能繼續經營下去，以及他們多快可以收到款項，都是十分重要的議題。收到款項的速度可以用下面這個簡單的比率——應付帳款付款天數計算出來：

$$\frac{應付帳款}{銷貨成本} \times 365$$

　　舉例來說：

$$\frac{700}{10,000} \times 365 = 26 \text{ 天}$$

　　如果公司的付款條件為 30 天，應付帳款付款天數算出來是 26 天，供應商或許會因此做出令人傻眼的結論：他們自以為可以在付款日期前就收到錢！

　　供應商可能也想知道，他們是不是能跟買方維持穩定的關係，並了解取得這個合作關係所需要的相關規範和預算要求。這類型的資訊只能從營運計畫或策略文件中取得，而這些檔案通常都是不公開的。

　　在過去，企業傾向與老客戶維持既有的合作關係，這是基於成本考量的不平等特性。現在的企業則是朝向以風險管理、產品研發，尤其是關係維護等面向來選擇合作的對象。

出資人

請記得：大多數出資人不想要成為唯一的資金來源。一般來說，籌措資金不是一件容易的事。這通常是一個持續不斷且耗費時間、精力的過程。清楚且容易取得的財務資訊，是成功獲得資金挹注的必備條件。

外部的出資人，會將他們在公開領域所看到的任何事情納入研究報告中。他們現在最想要的是最新的管理數據，例如：回本計畫和預估（更多資訊請參考第七章和第九章）。

不論資金來源（來自內部的資金或來自外部的出資人）為何，最重要也最急迫的事就是了解出資人到底想要什麼。

毫無疑問地，我們可以運用那句著名的 5P 名言：準備是為了避免最糟的表現。（Preparation prevents particularly poor performance.）在與任何出資者的會面中，嚴格地執行這個原則。在這個競爭激烈的市場中，能擁有表現的機會是何等幸運的事，錯過就很難再有。

出資人可能會要求相關的計畫，可能是營運計畫、預算或是成本效益計畫，不同的需求特性要求也不一樣。但重要的是，在某些狀況下，你可能因為跟出資人沒有任何的個人交情，而不得不按部就班。

最好能夠找出不同類型出資人的實際需求。就像上面提到的，的確存在著一些普遍性原則。但更重要的是，找出和出資人特質相關的特殊要求和資金使用方式。外部出資人包含銀行、私募公司、天使資金和資產出借人。

銀行

銀行通常會有兩個重點要求：

1. 足夠的擔保品。當有需要時，這個擔保品可以用來償付未清的款項，目的是為了降低銀行的風險。
2. 足以支付借款成本的利息。這是他們收入的來源（請參考在稍早於本章說明的利息保障倍數）。

為了計算，銀行需要用某些技術來評估資產價值。不同的資產有不同的評估方式。

擔保品

舉例來說，假設擔保品是一棟建築物，銀行會需要透用銀行核可的房產鑑定員來評估它的價值。雖然技術上來說，這就是公開的市場價值。但一般來說，銀行的量測員傾向提出相較於資產出售時由仲介業者開的價格還要低的估價。

說到預期的貸款成數，最高到百分之七十五是大概合理的比例。但請特別注意，這裡說的是「最高」。

如果用來當做擔保品的資產是應收帳款，銀行的放款金額通常不會高於 90 天內到期之應收帳款金額的百分之六十。

其他可用來擔保的資產，可能包括存貨、在製品（在製作中或是僅有部分完成的商品，或是已提供給客戶但還沒有收款的服務）。不論是哪種類別，一般來說，銀行根本不把這些資產看做是有價值的，因為它們都具有難以賣出去的特性。大部分的設備、家具及廠房、機器（只有少數的例外）也是如此，它們最後都會被丟掉，能當做擔保品的價值非常低。

就風險考量來說，具有確實獲利記錄的成熟企業，相較之下容易評估。因此對銀行通常比較有吸引力。但是，一旦公司出現虧損的狀況，出資人可能會要求董事提出個人擔保。

在個人擔保協商過程中，該做和不該做的事

個人擔保代表萬一企業沒有辦法償還負債，則負責擔保的一個人或共同承擔的許多人，將被迫償還之間的差額。

個人擔保可不是在開玩笑，不到最後關頭盡量不要使用。然而，一些實務上的技巧，可以降低這種保證的相關風險。

首先，絕對不要簽下連帶保證，能簽的只有單一保證書。如果是由多人共同提出擔保品，這能確保你在債務中所佔的比例，不會輕易被影響。假設有三個人一起簽了金額是 300,000 英鎊的連帶保證，這三個人需負責的債務不是 300,000 英鎊的三分之一，而是任何人都有可能在還款要求發生時，全數還清這筆 300,000 英鎊的債務。如果是單一擔保，則這三人都只會被要求支付 100,000 英鎊。

再來，避免無限期的擔保（出資人可以無限期持有擔保品）。基本上，一旦銀行有這類的擔保品，歸還意願都不會太高。要求拿回擔保品，可能會讓銀行對於這個客戶的評價轉向不利。

請避免無總額上限的擔保。

如果擔保條件有被清楚地列出，利息就會像下面的說明一樣：

- 利率會依據一些狀況變化，包含企業年齡、借款金額、可用的擔保品，甚至是公司所屬的產業型態。
- 利率不是高於基本比率，就是依照倫敦銀行同業拆借比率（位於倫敦市的銀行同業間互相放款的利率）。
- 利率上下限是可以談的，甚至可能維持在一個固定的數值。

但是這類的協商會以企業的穩健程度作為談判的基礎。

銀行契約

銀行可能會要求維持一個或多個契約。契約是具法律效力的合約，作為背書的承諾或協議，可以在沒有履行時由法院強制執行。它可能包含在特定期間內不能提高費用的協定。如果契約被破壞，銀行甚至擁有撤銷權，也就是要求提早償還借款。

契約可能和這些因素有關聯，例如：

■ 利息保障倍數
■ 資本報酬率
■ 資產比
■ 速動資產比 (參見第三章)
■ 槓桿

私募公司／創投和天使資金

股權投資者對於自己要投資成熟企業，還是新創公司的看法截然不同，對於投資風險的認知也不一樣。因此，他們必然需要多方面的資訊，來決定要怎麼投資。

除了銀行要求的資料，這些投資者會要求帶有清楚退場機制的營運計畫：大部分的投資者需要知道該如何撤回資金，這通常發生在資金投入的三到五年內。資金撤出可藉由重新籌措資金完成，將股權轉賣給同業或是一般大眾，是更好的處理方式。

這類的資金撤出一定是有溢價產生，溢價的金額不盡相同，但至少會是投資金額的兩倍，通常會比兩倍多很多。

　　同時，投資者還會要求投資報酬，股權投資大多是不穩定的，因此對於報酬的要求也毫不手軟，理想的報酬率通常是每年 30％到 40％。為了要實現這樣的報酬，最好是能透過「如果……會怎樣」的情境假設處理相關資料，完成預算與預測的編列。（請參考第七章）

　　許多投資人在投資前所需要的，完全是非財務性的資料，包含：市場訊息、競爭者資料、管理數據和產品服務狀況等等。

　　必須留意的是，一旦交易完成，這些投資者在企業中的角色有時候會變得更積極主動，例如：成為董事會的一員。

資產貸款

　　這些重要的出資者在有獨立擔保品的情況下提供借款，這些擔保品可能是建築物、工廠、機器、設備、存貨、在製品或是應收帳款，因為這關係著企業是否能支付貸款和衍生的利息費用，他們對於資產價值的認定特別有興趣。

　　為了確認企業所提供的資產價值，銀行無可避免地會用他們自己的鑑價員或專業人員做資產評價。這類出資者所提出的資產價值差額是依照資產核准的貸款金額，這個金額通常有大幅超過直接向銀行提出貸款的傾向。

　　會有差額產生的原因就是擔保品。大部分的狀況下，這些出資者具有資產的所有權而非僅僅只有管理權。一旦貸款人無力償還，他們對於資產出售或處理方式擁有更多的主導權。

　　為了評估資產的核準貸款金額，營運計畫通常需要包括貸款期間的現金流量狀況。（請參考第七章）

股東

　　股東被視為某種類型的出資人，他們的投資企圖和行為特徵，因著不同的投資類型與規模有所差別，從大型退休基金到一般菜籃族都可能是股東。

　　投資某個企業的原因百百種，但其中兩個主要的財務因素是，資本成長和收益增加。有些投資者則是兩種都不放過。

　　股東資金是一種股權投資，因此通常需要承受接近 100％的風險。不像銀行或是資產貸款，一旦公司倒閉，股東只能在公司清償所有負債後，拿回剩餘資金的一部分。

　　從純粹的財務角度來決定是否要投資時，不只需要分析公司過去的營運表現，甚至需要把它拿來跟其他投資選擇做比較，當然，未來的展望也是評估重點。

　　這樣的分析可以透過公開的財務報表資料完成；大型的投資決策則需有營運計畫和精算分析。

　　這些投資者需要經常更新公司的營運狀況及未來展望。如果投資的是公開發行公司，在證券交易所規範的認可及要求下，投資人要拿到這些資料一定沒有問題。但是在私募公司，這樣的資訊提供，可能是投資合約內容的一部分。

財務部門

　　財務部門通常是融資需求的決定者，但他們同時又可能是彙整提案的團隊成員之一，負責將提案呈交給內部組織，例如董事會，或者像是銀行的外部單位。

以內部資訊來說，財務部門幾乎可以取得所有的資料。然而，當你要求財務部門扮演決策的角色時，你可能需要同時把你和他們的立場納入考慮。他們或許需要這些資金來支持某個專案、提供風險和市佔率相關的市場情報，甚至是競爭對手和供應商的訂價策略和銷售前景。

董事會

董事會常常被一堆財務資料淹沒，要求根據這些數據做出決定。董事會當然有權利可以向執行單位要求所有資料，但董事會拿到的資料通常都是他們不需要的，有時甚至是他們不想要的！他們經常因為時間或是內部政策等原因，無法取得真正重要的資訊。

提供給董事會資訊時，你應該記得，董事會的職責主要是讓公司成功，讓股東獲得利益。不僅如此，精練地小心行事，同樣也是他們的責任之一。正因如此，他們需要的資料形式，是能讓他們考慮各式各樣的「如果……會怎樣」情境（請參考第七章）。

董事會是非常忙碌的，而且常會為了一個大型專案的核可（請參考第九章），需要分配時間和資源來完成這項任務。

非財務單位成員和非董事會成員需要特別注意的是，自己所提出的要求會成為眾多考量議題之一，也必須據此謹慎處理自己的提案。

若想讓你報告的資訊清楚且簡潔地呈現，並且期望有各種選擇及推薦，你得明確說明優缺點。

英國稅務及海關總署

英國稅務及海關總署對於企業來說，有相當大的權利及影響力，按照常規，他們會進行公開資料的查核。特別的是，他們可以檢查公司的報表、毛利和其他關鍵績效指標（請參考第十章）以確認這些資料是否與該領域其他企業的資料不至於差距太大。如果差異過大，可能會使他們著手進行調查。若你的公司不是走在一般的常軌上，就得特別注意到這點。

一旦企業被調查，因著英國稅務及海關總署的職權，跟他們配合是必要的。這意味著：提供資料的速度要越快越好。

就他們要求的財務資料來說，可能包含企業所有的資料，但大部分的情況下他們會檢查銀行對帳單、管理會計報表和預算，加值營業稅和預扣所得稅記錄、員工檔案、支票簿存根以及存款帳戶明細。

大部分的情況下會被個別約談，但你可以選擇在專業顧問陪同下進行訪談。

法律強制規定你要確實做好會計記錄，雖然記錄的標準十分主觀，而且是變動的。

如果提供的資料有遺漏或者根本不適用，得到正面結果的機會很低。（編按：在台灣，進行此類企業規範與查核的單位為財政部國稅局。）

主管機關

從廣告標準委員會到公用事業，以及其中的任何組織，主管機

關管轄範圍包含了企業的每一個面向。

有些主管機關和不同企業和部門之間彼此熟悉，他們可能只用相關的公開資訊來做評估，但也可能提出進一步的資料要求。若無法遵守，你可能會被罰一大筆錢，甚至失去交易權。

例如像廣告業務委員會這樣的組織，使用的是自我管轄的運作方式。其他單位，例如金融服務總署（Financial Services Authority, FSA，編按：相當於台灣的金管會），則會為了特定的企業和企業功能，強制介入企業的執行業務中。

就財務資料來說，金融服務總署絕對可以要求公司提供客戶資料，並針對你提供給客戶的建議和溝通過程，提出質疑與評估。這些文件的內容一定要能跟其他相關資料對得起來。

地方及中央政府

不論是地方還是中央的政府組織或部門，跟其他企業外部人士一樣，沒有要求企業提供財務資料的權利。但如果該組織正在申請類似補助款的東西，政府就會要求看一些從企業管理資訊系統中才能取得的資料。

這可能包含：營運計畫、新人雇用流程、補助款運用方式、適任說明、自有資金來源（大部分的補助款要求一致的籌募資金方法）。因為這些資金的需求量大，但供給者卻很少，僧多粥少的情況下，每個申請環節都要仔細審核。不難想像，申請流程是個耗時的大工程。

員工和潛在的員工

非董事的員工僅僅能看到已經公開的財務資訊，但這些內容當然包含了：公司財務報表、董事及股東的持股資料，如果是上市公司的話，還包含了董事的薪資。

部分企業選擇坦誠布公地和員工分享每個月的管理報表、關鍵績效指標和營運計畫；也有些企業選擇不公開。前者的員工不可能完全了解如此複雜的財務管理資訊，附上問答集和各個單位的簡報會更明智、合適。這是為了避免員工錯誤解讀，而做出不必要且通常偏向負面的猜測。

舉例來說，你的公司有獲利，不等於有充足的現金流。如果你大幅地把錢投進資本項目，實際情況可能正好相反（請參考第五章的「獲利與現金的差別」）！所以，最起碼要解釋清楚現金和獲利的差別，才是比較聰明的作法。

現金就是現金，確切來說，它是企業流動資產的一種：進入銀行帳戶的金錢（也就是實際收到的錢，不是應該收到的錢）。現金當然也會因著支付供應商帳款，或是買進資本設備而從企業流出去，但也不是所有帳單都由現金支付，部分可能是依照約定的付款條件支付。

另一方面，獲利的計算方式是將所有的成本和費用從銷售額中扣除。它和現金不同，是因為獲利是企業列在財務報表上所賺到的錢。有很多項目會影響到獲利，卻不會對現金產生影響，例如折舊和資本支出。

競爭者

你的競爭者可以從公司註冊局拿到的資料和其他人沒有兩樣，但他們可能也會使用其他的分析工具，例如普林索報告（請參考 www.plimsoll.co.uk），它以各式各樣令人感興趣的假設和結論，例如財務安全和未來風險，分析、評比企業相對於同產業其他企業的營運表現，幫助你判斷是否要繼續跟這家公司合作，或是了解這家公司有沒有被接管的可能。在過去的 25 年，普林索報告精準地預測出百分之九十的失敗企業，所以競爭者從這些資訊中到底讀到了什麼，你應該要想辦法知道。

當然還有許多其他的組織，提供具有競爭力的數據和其他企業的相關資料，包含益百利（www.experian.co.uk，台灣網站：http://www.experian.com.tw/）和鄧白氏（www.DNB.co.uk，台灣網站：http://www.dnb.com.tw/）。

在很多情況中，分析的完成絕大部分是倚靠可公開取得的資訊，和可以收集到的其他產業情報。上面兩種在公開領域取得資訊的方式，都是最常用來確認風險和信用評等的方法。

工會

就資料來說，工會可以拿到的，基本上和一般大眾可以拿到的一樣。然而，有些公司對於資訊共享，採取更為開放的方式。這樣的情況會發生在勞資雙方覺得這有助於處理與薪水有關的爭論，以及任何和雇用相關的議題上。

另一種選擇是依照調解仲裁服務處的方針：持續地分享被要求

提供的資訊，是比較好的作法。如果這些資訊對於國家安全不利，或是有可能違反法律等情形發生，就不需要進行揭露；但在其他的情況下，最好還是遵守這些合理的要求。

跨部門議題

　　資訊有可能出於自願，公開地被分享，也有可能被當作是最高機密。資訊的分享通常會依照公司和部門特性與規模大小而定。要了解的重點在於，這些資訊可能具有高度內部政策價值，掌握這些資訊源頭和傳遞資訊的人權利非常大，因為他們對於決策有一定的影響力。

　　特定的部門（通常是財務部門）比其他人握有更多政策敏感資訊的掌控權。和這些資訊的製作者維持良好關係，無庸置疑地可以讓你容易取得資料，並了解到這些資料之所以這麼難拿到的背後原因。

　　有些公司和部門以開放的方式看待資訊流，但對於某些特定的資訊，仍然維持它神聖不可侵犯的地位，至少薪資一定是保密資訊。其他公司則是以是否有實際需要，來決定要不要公開資訊。在法律上，只允許董事取得完成他們任務所需的資訊，但實際上為什麼他們仍然可隨意地取得資訊，是一個很普遍但依然無解的問題。

　　最後，你當然可能就是那個資訊提供者，而不是接收者，所以你更需要特別留意資料是怎麼被解讀的。一個精明的銷售主管可能告訴你，達到銷售目標很棒，而若沒有達成就感覺不是那麼愉快。因為這樣，他們會在職業生涯中很快地學會未雨綢繆，留一點業績以後用。

潛在的買主

當有人因為想要併購你的公司，而對你的企業產生興趣，資訊的提供就是一件非常重要的事。雖然這可能需要簽訂一些合適的保密協定。不同的接收者可能對你說的內容，以及你說明的方式有不同的解讀。

你要做的就是：忠於事實。不要不好意思提出缺失和問題。刻意隱瞞的話，在充分調查後只會產生這樣的結果：交易破局或是價格削減。

賣主無可避免地會在包含顧客姓名、商品價格、解決方案等商業機密的資訊分享上顯得謹慎，尤其是買主就是競爭對手的時候。但在大部分的情況中，都會需要透過解讀這些資訊來完成交易。所以公開資訊的時間點和保密協定的簽訂是一樣重要的。如果因為拒絕提供資訊或是有所隱瞞，而造成雙方爭議，這對現實面來說，只會造成損害。要再一次耳提面命的是：說實話，並嚴謹地注意任何可能被買主發現，對他來說的潛在有利面向。

專業顧問

包含會計師、稽核人員和律師的專業顧問，需要許多資訊來完成他們的執行業務。雖然稽核人員和律師可以使用法律賦予他們的權利，取得某些特定的資料。舉例來說，查核人員獲准查看董事會會議記錄，因為他們實際上是為了股東工作。為了報導的公正性，他們可以提出看任何資料的要求。查核人員的職責，就是提出針對企業所做的評估報告，並指出董事會提供給他們的資料是否符合事

實。最後，他們會指出這個企業是否有繼續經營的能力。如果這些
領域中存在著任何疑問，他們修正後報告的內容，絕對會影響到企
業的信用評等。

　　不配合查核人員的查核工作，絕對會被當成是一種冒犯。和查
核人員建立良好的關係，可以幫助你了解企業比較弱的面向，這也
有助於查核人員產出更完整的企業查核報告。所以，開始學習如何
跟查核人員對話，並做好全力配合的準備！在他們針對任何行動提
出挑戰與疑問時，好好地提出解釋吧。

　　總結來說，接觸到財務資料的人真的非常多。這些人要怎麼解
讀這些資料，通常不在你的控制範圍內，但至少你現在更清楚地知
道他們會怎麼看這些資料，以及他們的看法會對你的部門、你和你
的企業造成什麼影響。如此一來，你就可以小心地，開始替可能的
結果做好準備。

3

財務語言

在這個章節中，我們將探索財務語言與會計語言的重要性。就像其他的語言一樣，基本文法可以言傳，而能否使用得道地，只能靠意會，慢慢咀嚼領悟了。

想要學習外國語言的學生，最好撥出一些時間在使用這個言語的國家生活或是工作。這是因為當你融入這個語言時，你才能全面地理解它。

身為一個非財務經理人，你不可能完全泡在財務的世界裡，但你每天都會碰到它！你在公司越資深，快速且有條理地學會這個非常特別的語言就越是重要！

從認清事實開始！

有個非常老的笑話是這樣開始的：一個頗有名望的會計師，就像他的許多同行一樣，是個安靜、保守且井井有條的人，嗯，說白一點，就是有點無聊。

他每天一定會做的一件事，是看著一張他鎖在上層抽屜中的小

卡片。他從來沒有跟別人分享過小卡片上的智慧，也從來沒有中斷過這個習慣。

每個人都在猜測卡片上到底寫了些什麼。是激勵人心的諄諄教誨？還是彌足珍貴的情書？

在他退休後的某一天，他的同事在看到他小心翼翼地把這張小卡片放進口袋中後，突然脫口問：「我可以看一下這張卡片嘛？」出乎大家意料之外，會計師居然回答：「當然可以阿！」並將這張小卡交給他的同事。卡片上面寫著兩行字：

借方在左邊

貸方在右邊

這個笑話是要告訴我們，無論會計看起來多麼複雜，事實上，它很簡單。在所有會計流程的背後，是一個叫作複式記帳法（double-entry bookkeeping）的概念，每一個分錄都必須要有數字相同的相反分錄，讓帳目保持平衡，也就是我們常聽到的「有借必有貸，借貸必相等」的記帳規則。

▌基本原理

在電腦化或機械化的會計系統出現之前，有很長一段時間，所有的報表都是以基本的手寫分類帳記錄。你可以想像一下，畫出一個大大的字母 T，T 的左邊是借方，右邊則是相對應的貸方。

假設你都是以這樣的方式記帳，就可以確保你的帳簿維持收支平衡。現在，你需要的就是了解這套處理方式背後的語言。

你將會發現，原來，財務的語言是可以透過訓練學會的！

▌關鍵的財務報表和它們的語言

有一些標準的財務報表是你在一整份財務報表中經常會碰到的。原則上，這些報表包含資產負債表、損益表和現金流量表。因此，我們會從你常常會在這些報表文件中看到的文字開始介紹。

然而，不是會計師的人常會面臨到的問題是，有些項目有許多不同名稱，但它們卻代表相同的意思。不同的名稱並不會改變報表中的內容，或是影響它們的用途，但卻可能讓試著要了解更多內容細節的你，滿頭問號。

資產負債表

資產負債表就是記錄資產和淨負債的報表。資產指的是一個企業擁有或是借給別人的東西，而負債就是企業借來的東西。資產負債表是在一個特定時間點的報表。在這裡我指的是，它不會把可能發生的負債和資產納入計算中：它不是一份可用來表現企業未來潛力的報表。（請參考第七章）

資產負債表也沒有精確地用市場價格來衡量資產和負債。雖然在當中使用了淨值這樣的字（等一下會解釋），資產負債表和實際市價其實沒有什麼關係，它呈現的是帳面淨值，也就是購買價格減掉截至目前為止的折舊金額後的價值。

固定資產和流動資產

固定資產指的是企業購買進來，而且不會在近期出售的資產。它是為了協助企業營運所需的基礎設施。可能是一輛車、一張桌

子，一台機器設備、一部電腦或是一棟建築物。

當我們在資產負債表中提到這些資產的價值時，帳面淨值指的是購買價格減掉截至計算日期為止的折舊金額。

折舊指的是在這個資產預計可使用的時間中，逐漸降低的帳面價值。舉例來說，你用 20,000 元買了一台預計可以使用 4 年的機器，直到你預估它對於公司來說沒有任何價值前的 4 年裡，你每年都會提列折舊。這樣一來，財務報表會產生下面的變化：

	資產負債表 帳面淨值 (英鎊)	損益表 費用 (英鎊)
第一年	15,000	5,000
第二年	10,000	5,000
第三年	5,000	5,000
第四年	-	5,000

從上表你可以看到，損益表每年都會認列 5,000 元的折舊費用。在利潤降低的同時，資產負債表反映出這個資產，在使用後逐漸遞減的價值。

上述談到的是有形資產，也就是你可以摸到、看到的東西。但大部分的企業可能會想到，他們擁有另外一種幾乎看不見的固定資產，這些固定資產指的是企業的商譽，它產生的方式分為兩種。

無形資產

1. 內在商譽　反應出企業的信譽、顧客基礎及品牌。在英國，資產負債表中不會有內在商譽這個項目是因為它很難計算。它其實有點類似「看起來」的概念，到最後還是會用旁觀者的眼光來做判斷，它的實際價值只有在它被賣出的時候才會

確定。

2. 外購商譽　是取得一個企業的購買價扣除該企業的淨資產價值後的金額（淨資產價值指的是所有企業資產的總和扣除企業的負債）。

流動資產

除了固定資產外，大多數的企業會有某些形式的流動資產。流動這個字是會計用語，指的是在一年內可能用完或更換的資產，包含存貨、銀行存款、現金、應收帳款、預付款。

存貨

通常分成三種：成品、原料、在製品。

舉例來說，一個地毯商可能會有紗線（原料）、在織布機上還沒完成的地毯（在製品）和成品（一卷卷等著被配送的地毯）。存貨無法買賣，它不歸類在流動資產中，而是在固定資產的投資項目裡。

銀行存款和現金

這裡指的不是在存錢筒裡或銀行帳戶裡實際的現金有多少，而是經過對帳後的數字，也就是扣除應該支付款項後所剩下的金額，再加上零用現金。

應收帳款

這個名詞就更讓人感到疑惑了。它指的是某種債務，而且我們還會讓我們的債務人賒帳，讓應付帳款變成它們的債務！為了消

除這種令人頭昏腦脹的狀況，你只要記得，如果有人跟你買了某樣東西，例如你做了一筆生意（這通常是公司想要做的事），讓你的顧客在一段時間後才付款，這個未付的款項就變成了應收帳款，不過，這也要是在你的顧客準時付錢的情況下。所以，應收帳款是你應該想要收到的帳款！

正常來說，你可能會因為擔心某些帳款會收不回來，而為了這些還沒有支付的金額提列準備金。這筆金額就是所謂的壞帳準備金，用來降低債務的數字。

預付款

對於非會計相關人員來說，這也是一個容易混淆的詞。從常理來看，它讓人聯想到的是提前支付給你的款項。事實上，它是完全相反的概念！它指的是你在收到商品或服務前就預先支付的款項。舉個例子，企業的保險費通常是採預繳的方式，提前支付未來 12 個月的保費。

如同資產不只是你擁有的東西，你借出的東西也是資產的一部分。從會計的立場，預付款是選擇不使用這個商品或服務時，你有要求拿回這筆預先支付的金額的權利。所以，它被視為是一種資產。

配合原則

會計原則有很多，其中有一個叫做配合原則。舉例來說，你的公司需要提前支付三個月租金 $9,000（通常每個月的金額是一樣的）。如果你將三個月的租金花費，一次認列在把錢付出去的這個期間，第一個月的帳務就不符合配合原則。因此，有效處理預付款的方式，是將不屬於這個期間的後兩個月租金，從損益表的費用中

挪走，將它移到資產負債表中的資產項目。

負債

　　資產負債表將負債分成流動負債與長期負債兩個部分。

流動負債

　　處理流動負債的原則和處理流動資產相同。流動負債是以信用額度購買商品或債務，所產生在一年內需支付的負債，也就是說，這些商品的付款截止日是在購買日期之後。

應付貨款

　　指的是欠供應商的款項。你只要記得這句箴言「小心應付，應付貨款」，常常提醒自己，它們其實是債務的一種。

應付帳款

　　在流動資產中有一個項目是我們已經支付卻還沒使用的預付款，在負債中也有類似的項目：已經產生，卻還沒有被要求償還的負債。舉個大家都知道的例子，水電費就是使用後才收費的。當我們知道有哪些已經使用卻還沒有付款的服務或產品（例如：電）時，為它設置的帳戶及準備的金額，就是所謂的應付帳款。

　　應付帳款也會用在準備已經答應要支付的項目上，例如：股利（股利是一種對於股東的回報，反映出所有股東可以分配到的獲利）。這代表著，公司已經承諾在往後的年度要支付的金額。

銀行透支

這些金額（調整後）就是企業在這個時間點向銀行所借的錢。

其他應付帳款

其他在未來一年應該支付的項目，例如國家安全保險、預扣所得稅和當時應支付的稅金，都會被歸類在其他應付帳款的項目中。

淨流動資產

淨流動資產也被稱為營運資金，也就是總流動資產和總流動負債之間的金額差距。被稱為營運資金是因為它們原則上是企業每天都會使用的資金。

長期負債

許多企業也會有超過 12 個月的負債（12 個月以內的負債稱為流動負債），我們將它歸為長期負債。長期負債包含抵押借款、分期付款或是任何形式的長期貸款。這些負債中，在最近 12 個月內要支付的部分，會被歸類在流動負債中。只有 12 個月後才需支付的部分，會以長期負債的項目呈現。

淨資產

千萬別把它跟淨流動資產搞混！淨資產指的是，包含固定資產和流動資產的總資產，和包括流動負債和長期負債的所有負債之間的差額。

股東資金

股本

資本指的是現金或是從投資者帶進企業中的其他資產。對公司來說，可以稱之為股本。

股本的類別形式非常多元，我們將在第九章做更深入的解釋。

公積

公積是保留在企業中的利潤（和現金不同，請參考第五章），不會分配給公司的擁有者。公積分成下面兩種：

1. 已經獲得，但還沒有以股利的方式進行分配的利潤：有時候稱之為保留盈餘。
2. 因固定資產價值增加而產生，而且還沒有進行分配的資本公積。例如：資產重新評價後，而有價值提升的情況出現，增加的部分就會變成資本公積的一部分。

損益表

第二個需要特別提出來說明的重要財務報表就是損益表。這是一張記載銷售（收入或是營業額）減掉費用的報表。

銷售（營業額或收入）

銷售指的是，在一段期間或是截至目前為止的一段期間中，不論顧客是否已經完成付款，所銷售出去的商品或服務。銷售的金額通常不包含稅金，因為稅金不屬於公司，終究會被政府徵收。稅金因此從來不會被歸類為營業額的一部分。

費用（成本）

費用分成銷貨成本和營運費用。

銷貨成本（售出商品成本）

這些成本和銷售出去的商品及服務有緊密的關係，因此被稱為銷貨成本。有時候也會叫直接成本。

對一個非會計相關人員來說，只要把握一個關鍵的原則：不能將任何聽起來像是銷售成本的項目，都歸類在銷貨成本之中。例如：行銷、運輸或是銷售代表的費用。這些成本通常被歸類在營運費用中，是因為它們和達成的銷售額並不是完全相關。我們用家具製造商的例子來說明，它的直接成本會是製作椅子所需要的釘子、木材和布料，以及支付給製作椅子師傅的薪資。它不會包含熱能、照明、租金和銷售人員的成本，因為這些成本都是間接成本，被歸類在營運費用之中。

毛利

銷售額和銷貨成本（售出商品成本）之間的差額就是所謂的毛利。對於許多企業來說，這是關乎企業營運表現的重要晴雨表，或是關鍵績效指標（KPI）。（更多關於 KPI 的資訊，請參考第十章）

營運費用

下一個費用的類別就是營運費用，它也被稱為間接成本或是固定成本。營運成本中的例外就是利息。在一份正式的損益表中，利息會被列為一個獨立且不連續的費用項目。營運費用可能包含廣告、租金、費率、薪資、出差費用、水電和折舊。

　　營運費用也可能包含壞帳準備金：這是一個預估的金額。如果有些顧客可能會無法付款，根據穩健原則（會計原則之一），在計算費用時，必須要把這些款項視為是一筆營運費用。它也可能包含因著顧客償還積欠的金額所產生的壞帳註銷。不論是壞帳準備還是壞帳註銷的認列，目的都在於有效地降低需要支付的增值稅金。

營業淨利

　　毛利減掉營運費用後就是所謂的營業淨利，它就跟毛利一樣，被許多企業當作評估營運成效中，一個很重要的關鍵績效指標。

　　會這樣做的原因是，在評估經理人相對於董事的公司經營能力時，評價經理人的標準可能會是營業淨利表現（因為經理人對於通常談妥的利率沒有任何影響力，而這通常是董事的職權範圍）。

利息

　　應付利息和應收利息在正式財務報表中，會列在營業淨利的下一行。

淨利

　　毛利扣除了包含利息的所有費用就是淨利。

稅金

　　公司需要從淨利中繳納公司稅，在支付了稅金之後，可能會選擇將部分的獲利以股利的方式分配給股東。

現金流量表

在正式財務報表中，最後要談的重要財務報表，就是現金流量表。你可以從第五章了解更多利潤與現金之間的差異，在這之後你會發現，他們根本是完全不同的東西。

現金流量表是現金創造與使用方式的分析。現金流量表在歷史上曾被稱作財務報表中的「資金來源與運用的報表」。這個說法現在已經廣泛地被現金流量表取代，但實際上，他們指的就是同一種報表。

了解現金流量表對於非財務經理人來說是非常重要的。清楚辨別現金流量表和現金規畫之間的差異更是重要。現金流量表是資金在某個特定期間的進出狀況表；而現金規畫則是根據預估的未來現金投入與產出所做的計畫，是管理及投資者，用來掌控未來某個特定期間的現金流量需求。

▌會計語言的定義和解釋

除了前面提到的語言之外，你可以在附錄 G 中的財務和投資術語字彙表中，找到一份依照字母排序的完整字彙清單。但請記得，知道定義固然重要，明白箇中意義才是王道。

會計等式

會計等式是一個非常簡單，而且被廣泛地學習和使用的基本定義。這個公式說明了資產、負債和股東權益之間的關係。我們可以

用下面這幾種方式解釋：

資產 = 負債 ＋ 股東權益

或是

負債 = 資產 － 股東權益

或是

股東權益 = 資產 － 負債

這個等式基本上要說明的是，在製作會計報表時，總是會有兩個數字相等。我們把它稱作複式記帳法。

政府條款

製作任何正式會計文件時，通常需要遵循一些標準的法律規則。這些規則在 2006 年的公司法中規定如下：

■ 透明度：指的是資訊需要清楚地呈現企業所處的真實狀況，沒有資訊是任意被省略的。

■ 誠實度：董事會必須以誠實行事，不以自己的利益為出發點。

■ 可信度：董事會必須要對於他們所公開的資訊負起個人責任。

會計原則

會計是依據歷史產生，也就是說，會計是從過去某個日期到現在為止，發生過的所有事情的記錄。預算和預測則是對於未來的觀點，用來評估發展的潛力。理論上，過去發生的事情是未來事件的最佳指標，在排除任何刻意形成的策略變動下，上面提到的每個項目，都應該可以和其他的項目對得起來。我們目前的經濟表現讓這

個原則變得越來越不牢靠，嗯，但它終究還是一個理論。

　　所有的財務報表的編制都依循著繼續經營假設，代表這個企業在可預見的未來，會繼續經營下去。

　　根據英國的法律規定，當查核人員不認為這個企業可以繼續經營下去時，他們是不能在這些報表上簽核的。

回到根本

分類帳

　　分類帳是某個特定帳戶或成本中心的所有交易記錄。分類帳的明細中通常包含：交易日期、交易金額和這筆交易屬於借方還是貸方，如果有需要的話，還會有簡短的備註。

分錄

　　分錄指的是在分類帳當中，獨立的項目或是交易。

日記簿

　　又稱分錄簿，它將當日每筆交易依序以分錄的格式記下。我們來看下面的例子，例子中不考慮增值稅。

銷售：顧問服務

借	貸	備註
	6/2 £1,000	發票：顧問服務
	£1,000	總計

資產：應收帳款

借	貸	備註
6/2　£1,000		發票：顧問服務
	6/4　£1,000	收到支票
	0	總計

資產：銀行帳戶

借	貸	備註
6/4　£1,000		收到支票
£1,000		總計

負債：應付帳款

借	貸	備註
	6/3　£200	收到發票
	£200	總計

費用：外包廠商

借	貸	備註
6/3　£200		收到發票
£200		總計

- ■ 銷售：顧問服務
- ■ 資產：應收帳款
- ■ 資產：銀行帳戶
- ■ 負債：應付帳款
- ■ 費用：外包廠商

　　攤開上面這五個分類帳，你可以清楚地觀察到，哪些交易跟哪天的哪個作業有關聯。例如，你可以看到應收帳款在寄出發票時增加了 1,000 元之後又因著收到發票和將支票兌現而減少。

　　從上面的分錄延伸出來的損益表會是這樣：

銷售
顧問服務
收入（毛收入）　　　　1,000

費用
外包商　　　　200
淨收入　　　　800

資產負債表會是這樣：

資產
應收帳款　　0
銀行帳戶　　1,000

負債
應付帳款
外包廠商　　　　200
負債總計　　200
股東權益　　800

財務部門之外的財務語言

一旦離開了會計部門,將會有一整船的字彙用完全不同的語言出現!

投資的世界

我們不可能討論這個領域中的所有技術性字眼,但的確有些很常見的字彙,它們的意義對於非財務經理人來說非常實用。這些術語你可能很常會遇到,我已經將他們列入書中討論囉!

回沖利益條款

回沖利益條款可能會出現在買賣合約中(一份將企業從一個組織或個人轉移至另一個組織或個人的合約)。它是買方在原交易之後的某個特定期間,將企業或資產以更高的價格賣出時的保障。這是為了重新調整原本的買進價格,並確保賣方不會因為覺得原本談定的賣出價格其實可以更高而感到眼紅。

攤銷

攤銷和折舊是同樣的概念,差別在於,攤銷指的是無形固定資產的價值流失,例如:商譽、智慧財產權,在預期的生命週期間,會逐年在資產負債表中減低它的帳面價值。

轉讓

和一般日常使用這個字眼的意思差不多,轉讓通常指的是簽署一份文件,同意將股份持有權,從一個人手上轉移到另一個人手上。

氣球型期限

曾經申辦汽車貸款經驗的人，應該都對氣球型這個詞不陌生。氣球型期限就是經過前面幾期的小額繳款後，最後一次的還款金額會比之前來得更高。這是為了確保資產的產權（例如：車子）能夠成功地從借款人轉移至貸款人手上。

在投資的世界中，氣球型期限的意思也差不多，差別在於這裡指的是一種債券的到期時間。在連續（每年）產生的小額債券到期後，最後的年度會產生一筆大額的到期金額。

（編按：近幾年台灣數家銀行也推行房屋的氣球型貸款。）

熊市

這個詞彙跟股票市場活動有關。使用熊市這個名稱是在暗示整個市場中，目前的價格會下跌，大家普遍認為所有的股票價值都被高估了。

如果賣家比買家還要多，已經是熊市的市場可能會更加惡化。

熊一樣的市場意思就是，你認為價格會下跌。

牛市

牛市跟熊市恰好相反。也就是說，大家普遍相信手上交易的股票價格會上漲。

買權

投資人將這個字彙用在持有人可以在特定期間以特定價格購買股票的選擇權利。

如果你是個投資者，你可以在認為價格會上漲時，買進買權。

賣掉買權，表示你認為價格不會上漲，或者覺得價格會下跌。

資本市場

資本市場指的是主要的交易市場，例如倫敦證券交易所就是一般大眾可以買進和賣出上市公司股票的地方。

資本化

資本化指的是，財務部門將買入的東西歸類為資產項目，記錄在資產負債表中，而不是將它記在損益表中的費用項目裡。這樣的作法在之後會因為稅務目的，而有折舊及攤銷的產生。舉例來說：如果企業用自己的員工來搭建辦公室，員工的薪資成本就會被資本化，而不會記載於損益表的薪資項目中。

不要將上面的用法與資本額搞混囉！資本額代表的是公司發行的所有股份。

可轉換股份

可轉換股份是一種股份的類型或是企業中的投資，可轉換成不同的形式。例如：銀行可能會以持有可轉換股份的方式提供貸款給企業，當企業無法還款時，銀行擁有特殊權利可以要求將貸款轉換成有投票權的股份。

契約

契約就是據法律效力擬定的合約，約定什麼事情是應該做的，什麼事情是不應該做的。例如，銀行可能會告訴他的客戶：「直到貸款繳清前，你保證會把預計用來調薪的額度先拿來償還貸

款！」。任何貸款遲繳都可能會依照合約中所簽訂的內容收取金額不一的罰金。

累積特別股

有一種特別的股票形式是附帶有股利分配約定的。這讓股票持有人能夠有效地在公司因為任何理由無法準時發放股利時，優先取得未分配的股利。

公司債券

公司債券是一種具有法律效力的合約，合約持有人有權利可以在違反契約事件發生時，合法取得某些特定的資產。

股利殖利率

對於投資者來說，股利殖利率是一個重要指標，它說明了相對於公司的股票價格，公司每年分配了多少的股利。它讓投資者有效地評估自己能拿回多少現金。

在企業中投資的每一塊錢，計算公式是：

$$\frac{每股每年分配股利}{購買股票時的市場價格}$$

這個公式算的是年利率。

盡職調查

當買主或投資者評估是否取得一個企業時，會採取的過程或行動稱為盡職調查。在許多方面它有點像是查核，但是它所涉及的角

度更廣，觸及的範圍大小根據收購者的風險偏好而有所不同。

每股盈餘

　　這是一個投資者用來計算每一個發行股份可以賺到多少錢的公式。它不是一個完全精確的公式，因為每當有新的股份發行，計算結果就會受到影響。

　　儘管如此，我們還是列出它基本的公式：

$$\frac{當期利潤}{平均發行股數}$$

息前稅前獲利 (EBIT)

　　公司的盈餘或支付利息和稅金之前的利潤，對於評價企業本業營運狀況或各部門盈利能力來說是非常重要的，根據產業型態類別不同，它是一個可以用來做多方面衡量的基礎數據。

第三方保管契約

　　當企業被收購或是賣出時，單方或雙方可能必須針對某些特定企業活動做約定。舉例來說，賣方可能會說他可以保證企業從來沒有發生過任何的稅務罰款。為了避免賣方的陳述有隨便或欺騙的情況，收購者通常會要求相關的賠償。

　　為了確保賣方有足夠的資金來彌補上面所說的情形，買主會堅持要將資金保存一段特定時間，用來作為相關事件的補償。這些資金通常會存入一個由雙方律師共同管理的帳戶。這個帳戶就稱做第三方保管帳戶。

面值

就像它的名字所暗示的，一股的面值指的是股票的發行價格，而不是市場價格。

面值也被稱為票面值或是本金價值。

受信託人

這是一個在一般法律中常常會用到的字。受信託人指的是，他是另一個人的代表，必須在信託的職務中，任何行為都必須依著誠實及良好信譽的準則。

財務年度

一個公司的財務年度就是會計年度。

商譽

商譽有一點像是「情人眼裡出西施」。商譽存在於許多企業中，但這項無形資產的價值量化，只有在其他人取得它時才能完成。實際上的商譽可能是企業品牌、市場地位、顧客基礎、智慧財產權或是管理技能。

實際評價的成形會出現在購買時，買方支付的金額與企業所有資產扣除負債後總額（也就是淨資產）的差距。這個數字就會變成收購人資產負債表上的商譽。

控股公司

英國大約有兩百萬間註冊公司，其中有大概三分之一被認定為某些公司的子公司。要有子公司，你就必須要先擁有控股公司。控

股公司有時候也稱為母公司。這些企業持有其他企業全部或部分的股份。

機構投資人

機構投資人就是一般企業、退休基金、投資公司、保險公司、大學、基金會、銀行和其他類似的單位，他們會用持有高額股權的方式，將大筆的資金投資於其他企業裡。

一般來說，這樣的投資都會為董事階級帶來一定程度上的有利影響。

融資收購

收購企業有很多種方法。其中一種最常見的方式是，向其他人（通常是）銀行借錢來買。當採用這個方式時就是所謂的融資收購。

被收購的公司資產通常會被當做是借貸資金的擔保品。

信用狀

可別把信用狀跟意向書（下一個我們要說明的項目）搞混啦！信用狀是一種證明的表格格式，由銀行向賣方保證，買方的付款會：

1. 準時支付

而且

2. 金額正確

如果事實並非如此，銀行需要負責償還所有未付清的債務。但需承擔風險的銀行通常不會輕易或免費地提供這樣的保障。

意向書

意向書簡單來說就是：一份說明一方有意與另一方進行某些事情的文件。必須要了解的是，在大部分的情況下，這不是一份有約束力的協定。雖然違反意向書在商業上常被視為非常糟糕的舉動，類似的文件還是常常會用這樣不具約束效力的格式簽訂。

後進先出和先進先出

資產負債表中評價存貨的方法有很多。其中一個方法，是假設最新購買的存貨會是最先銷售出去的（後進先出）；另一個方法則是假設會先賣掉較舊的存貨（先進先出）。後進先出的評價方式在美國公司中較常見；英國公司則是較多採用先進先出法。你必須要記得的是，如果公司的存貨成本高低起伏不定，所採用的評價方式就會對公司的獲利能力產生影響。

本益比

本益比的公式是：

$$\frac{市場價格}{每股盈餘}$$

但更重要的是本益比的意義。身為最資深、最常用來評價企業的方法之一，它用很簡單的方式，給你一個評估的起點：用價值相較於獲利的倍數來做計算。

優先購買權

優先購買權指的是股東有權利在他們選擇的企業中保有一樣

的股份持有比例。

　　優先購買權可能在這種情況下發生：如果企業決定要發行更多的股份，有優先購買權的人可以優先購買。相對地，如果個人或是機構要賣出股份時，有優先購買權的人也可以優先購買。

　　這樣的權利通常會記載在企業的公司章程中，也有可能會在股東協議裡標註。

公開說明書

　　當企業在證券交易所上市時，會需要製作確切的文件，向可能的投資者說明這樣的投資機會。這種文件就被稱為公開說明書。

　　必須很慎重地看待這份文件的內容。任何疏忽或是錯誤，都會被認定是這個企業的董事會所作出的個人說明，不論這份文件是否由他們親自撰寫。

　　董事會不僅要對內容負責，投資者沒有接收到完整資訊的疏失，也是董事會必須要承擔的責任。

代理人

　　這是一種股東授權給其他人，代表他們在股東會中投票的書面委託。這種狀況十分常見。

速動資產比

　　也被稱為酸性測試比。這個比率被投資者和出資人用來評估企業的流動性。公式如下：

$$\frac{流動資產 - 存貨}{流動負債}$$

理想的數值會是一比一。

這個比率背後的基本原理是這樣的，它在等式中除去了存貨，原因在於將存貨轉換成現金被普遍認為是一件十分困難的事情。

根據這樣的基礎，當計算完成得出的數字是一比一時，就能免除財務上的緊繃感。萬一出資人要將可能歸類於流動負債中的借款拿回，企業仍有能力在不出售它的固定資產的情況下償付貸款。

破產管理人

破產管理人是一種破產的執行方法，由法院指定人（破產管理人）管理企業的相關事務。

這也被稱做介入經營。

介入管理人或是破產管理人的目標是，在找到適合買主前維持企業的正常運作，因為繼續經營的企業價值通常高於那些已經停止營運的企業。

營運資金

公司的流動資產減掉流動負債就稱之為營運資金。資產與負債差距越大，企業就被認定擁有越多的營運資金。

資金術語是任何精明的經理人需要具備的基本認知，因它接觸到許多企業存續的面向，而銀行術語更是特別需要了解的！

銀行術語
銀行透支

銀行透支的定義是提款金額超過存款金額，或是經過借款機構同意的信用貸款金額擴張。

　　這種工具有特定的期間，幾乎總是伴隨著下面的條件：銀行有權利在沒有任何理由的情況下立即收回透支。針對這樣的工具進行協商時，小心地將透支只用在營運資金處在高峰和低谷狀態，而不是作為資本支出使用，才是比較聰明的作法。

　　另外要注意的是，現在很常用到的未使用條款：如果你沒有使用這項工具，銀行是有權利跟你收費的！

銀行貸款

　　指的是向銀行貸的款項，貸款人在償還時或是某個固定日期前須繳納利息。幾乎所有的貸款都是在一個確切的期間內，借款人需要償還本金和利息，直到約定的期間結束。

　　除此之外，公司或董事會通常被要求提供某種類型的擔保品。

CID

　　CID 是保密發票折現。這種借貸關係是依據以下前提才能成立：出借人買進了公司的應收帳款帳本，並在顧客付款日到期之前，用發票金額的某個比例將錢借給這個公司。部分狀況下，這些比例可以高達 80％。

　　這種籌資的辦法促進了現金流，而且因為它是保密的（也就是說顧客不會發現），對於在成長階段卻沒有辦法在特定關鍵點，負擔得起營運資金擴充的企業來說，是非常有利的。傳統的銀行不會提供這樣的比例，典型的銀行借款最高上限，只會到應收帳款的50％。

　　這種工具的費用通常不僅會有超出基本利率的標準比例，更會有根據分類帳中所有應收帳款的比例，所計算出來的額外管理費

用。因此，它相較於銀行貸款來說，是更為昂貴的借款方式。

應收帳款承購

應收帳款承購是另外一種融資的方式。它和在工廠裏面生產商品可是一點關係都沒有（譯注：應收帳款承購的原文 factoring 和工廠 factory 拼法很接近）！它其實是將應收帳款的分類帳賣給第三方出資人，出資人接著會依照開立給顧客的發票金額，提前將這筆款項付給公司。

雖然它表面上看起來和保密發票折現很像，但它們在這兩個重要地方並不相同：

1. 應收帳款承購不是秘密進行，也就是說，顧客會察覺到這樣的籌資方式。
2. 所有歸在應收帳款承購公司的信用控制管理，將會直接接觸到終端顧客，向他們追討債務，並處理相關的付款疑問。

因為你實際上已經將所有信用控管工作外包了，當你將應收帳款承購交付他人之手，就會產生額外的費用，但相對的，這麼一來就能減低企業的花費（因為不再需要一個信用管理人啦）。

分期付款

分期付款是一個相當成熟的籌資方式。它是一種讓顧客用固定的花費，在特定期間進行分期付款，進而擁有購買權利的財務工具。這種貸款方式的擔保品就是所購買的資產。

在償還分期付款的期間，買方可以持有並使用這項資產，但他們卻沒有所有權。直到全部的貸款繳清時，才會將資產轉移至買方的名下。

租賃

　　租賃有兩種類別：營運租賃和融資租賃。正確地分辨租賃的類別是非常重要的，因為它會影響到資產負債表及損益表。它也會影響到公司的償債能力和流動性、債務股本比和資本結構。一個錯誤的分類方式可能會誤使投資人以為公司看起來的財務狀況比實際狀況來得好。舉例來說，如果公司將融資租賃歸類為營運租賃，就會低估了他們的負債，也就是償付租賃債務的金額。

　　融資租賃是一種用來籌措支付資產的主要方式，在償付之前，它會以負債的項目記錄在資產負債表上。營運租賃的負債狀況則不會呈現在資產負債表上（這有時候也會被稱為帳外融資）。

　　究竟某一個租賃應該歸類在營運租賃還是融資租賃，通常是董事會和會計師討論後，所作出的決定。

　　分辨租賃的關鍵特徵是：

1. 如果與所有權相關的全部風險和報酬都被轉移到租借人身上，這就是一個融資租賃。
2. 如果不是融資租賃，那就一定是營運租賃囉！

▋開口說財務語言！

　　所以，如果你現在覺得，你好像可以開口說一些財務語言，你需要的，就是不停地練習。不確定該如何表達？那就大聲地向別人求救吧！

　　這樣做的結果就是：磨練了你的技巧，開始更有自信地講財務語言。

4

獲利和損失 -
企業的驅動力

不論是獲利、服務或是品質，這些企業所專注的焦點，就是我們一般說的企業驅動力。

這些驅動力在許多層面影響著企業表現，不僅僅侷限於財務面。在這個章節中，我們討論對於不同驅動力的選擇原因。藉由範例的提供，讓非財務經理人能夠根據這些情報，為企業做出更好的決定，選出能夠增加成功機率的那條路！

▌釐清企業整體的目標

企業成立初期，小型企業專注的焦點和成熟發展的大型跨國公司可不一樣。舉例來說，小型企業可能會希望能打進一個封閉的市場：在這裡，他們不需要名聲也不需要悠久的歷史，可以透過提供像是付款條件或是優惠折扣的誘因來創造機會。

可能因為管理系統的過於複雜，大型企業反而沒有辦法提供和小型企業類似的服務水準。將不想要或是無法接受的產品退回給當

地的零售商店，比起退貨給跨國的網路商店容易、方便，就是一個
很好的例子。

但是，這卻不代表哪一種類型的企業最終會比另一種來得有效
率，但小型企業的確可能較為迅速地提供回應給顧客。

經濟趨勢創造出一個激烈的競爭環境。顧客的消息更為靈通，
選擇性也較過去大得多。結果就是企業的目標從一次定江山，轉變
成需要經常進行調整。

價格曾經是沒得商量的，「要不要隨便你」的態度也曾經被大
家視為理所當然。然而情況再也不是這樣了！自由選擇的方式更適
合身處於二十一世紀的企業。

▍標準的驅動力

下面列出的是被普遍認同的企業驅動力：

- 獲利
- 現金
- 顧客服務水準
- 品質
- 價值和道德

獲利

身為驅動力的一種，獲利可能包含價格管理方面的決定：降價
或是漲價。

營運費用的管理可能包括外包服務，不論是這樣的服務來自於

地區性，甚至來自跨國的供應商。例如，設置在亞洲的客服中心，就是一個非常典型的獲利管理技巧。

現金

　　將現金當做驅動力的作法可能包含：持有較低的存貨、寄賣存貨（把東西賣出時才需要付錢的存貨），或是零存貨（在有特定訂單時才訂購商品）。這些動作說明了不會動或是動得很緩慢的存貨不會乾坐在你的架子上，傻傻等待訂單出現，這樣一來，現金就不會被困住啦。

　　降低應收帳款天數和增加應付帳款天數，是把現金當做驅動力的進階方法。如果可以晚一些付錢（也就是應付帳款）給你的供應商，你很有機會在還沒有付錢給他們時，就把他們提供的商品或服務賣掉，因而創造出現金。

　　相同地，如果你堅持快速、甚至是預先（在運送之前）支付銷售款項（應收帳款），可以替你創造更多現金。

顧客服務水準

　　對於大部分的組織來說，他們的名聲是建立在跟大量顧客之間的眾多交易之上。

　　對於某些企業來說，一致且積極的顧客服務水準，能夠帶來額外且忠誠的商業契機。這代表著他們可以把市場佔有規模，從沒有辦法提供顧客所要求的服務水準的替代供應商或是競爭者手中搶過來。實際上，特殊的顧客服務水準在某些產業中是被強制要求的。

要維持這樣的服務水準一定會有成本，問題是，到底是誰吸收了這個成本？買方還是賣方？

品質

對某些客戶來說，他們只能接受最佳品質的商品或服務。而相對於某些只提供最便宜產品的企業來說，品質就顯得不是那麼重要了。

只要想一下女性大眾流行的服飾折扣，和高級訂製時裝之間的差別，就會了解這之間的差別。

價值和道德

許多組織都將他們的商業模式鎖定在符合道德標準的交易流程上。

▌從哪裡開始？

這個章節所談到的，不完全是這些驅動力的優點，更多的部分是在討論，當企業選擇某一個驅動力時，會帶來什麼財務面的影響。因此非財務經理人在進行策略的比較時，應該要確實地掌握更多資訊。

有一句古老的商業俚語是這樣說的，下面三者你只能擇其二：

便宜

快速

好

從單純的財務觀點來看，完全合乎常理。當然，如果你已經準備好要接受一個沒有那麼成功的企業，那麼這句話就還有一些討論的空間。

當企業氣勢強盛的時候，一個看起來很簡單的選擇，就是提供比競爭對手還殺的價格。但表 4.1 和 4.2 說明了，不論是漲價或是降價都會帶來深遠影響。

最後的價格策略所帶來的衝擊，必定會反映在價值上。價格的決定可能已經超出你的控制範圍，即使如此，有這樣的洞察能力，還是能夠讓你對決策流程產生影響力。

如果用左邊欄位列出的比例，提高或降低價格，假設你的毛利是列在表單上用粗體標記的數字，表中的數字會告訴你，要維持經營穩定，企業需要增加或減少多少業績。

表 4.1 降價時，企業需要的營運成長幅度

降價幅度	設定的毛利						
	10%	15%	20%	25%	30%	35%	40%
5%	100.0%	50.0%	33.3%	25.0%	20.0%	16.7%	14.3%
6%	150.0%	66.7%	42.9%	31.6%	29.0%	20.7%	17.6%
7%	233.3%	87.5%	53.8%	38.9%	30.4%	25.0%	21.2%
8%	400.0%	144.3%	66.7%	47.1%	36.4%	29.6%	25.0%
10%	-	200.0%	111.0%	66.7%	50.0%	40.0%	33.3%
11%	-	275.0%	122.2%	78.6%	57.9%	45.8%	37.9%
12%	-	400.0%	150.0%	92.3%	66.7%	52.2%	42.9%
15%	-	-	300.0%	150.0%	100.0%	75.0%	60.0%
16%	-	-	400.0%	117.8%	144.3%	84.2%	66.7%
18%	-	-	600.0%	257.1%	150.0%	105.9%	81.1%
20%	-	-	-	400.0%	200.0%	133.3%	100.0%

表 4.2 漲價時，企業業績可能的衰退幅度

漲價幅度	設定的毛利								
	20%	**25%**	**30%**	**35%**	**40%**	**45%**	**50%**	**55%**	**60%**
2%	9%	7%	6%	5%	5%	4%	4%	4%	3%
4%	17%	14%	12%	10%	9%	8%	7%	7%	6%
6%	23%	19%	17%	15%	13%	12%	11%	10%	9%
8%	29%	24%	21%	19%	17%	15%	14%	13%	12%
10%	33%	29%	25%	22%	20%	18%	17%	15%	14%
12%	38%	32%	29%	26%	23%	21%	19%	18%	17%
15%	41%	36%	32%	29%	26%	25%	22%	20%	19%
16%	44%	39%	35%	31%	29%	26%	24%	23%	21%
18%	47%	42%	38%	34%	31%	29%	26%	25%	23%
20%	50%	44%	40%	36%	33%	31%	29%	27%	25%
25%	56%	50%	45%	42%	38%	36%	33%	31%	29%

也就是說，如果你將價格調降了 10％，你設定的毛利為 35％，你需要比原來多賣出 40％的產品，才能讓獲利維持在原來的水準。

同樣地，如果你將價格提高了 10％，你設定的毛利為 35％，就算少賣出 22% 的產品，你仍然可以維持原來的獲利。

▍驅動力的衝擊

第五章會分析利潤和現金之間的關鍵性差異。但對於企業驅動力來說，這兩個要素是有一些關聯性的。

獲利驅動力

理論上，要轉取高額的獲利是完全可能達到的。便宜的買，昂貴的賣會是一個不錯的開始。

銷貨成本	£100
售價	£500

依照這個簡單的等式，你的損益表會像下面這樣：

銷售	£500
銷貨成本	£100
毛利	£400
毛利率	80%

這樣的狀況看起來不錯吧，前提是：

a. 你可以用這樣的價錢買進商品

b. 競爭者的售價不會低於你

如果競爭者的價格比你還要低，這時候你可以選擇是不是要再次調降價格。如果他們又降價，就會演變成一場削價競爭（顧客變成最終的贏家）。終究某些廠商會到達一個沒有辦法再調低的價格點。價格可能會是銷售團隊的決定，但財務部門需要一個說法，讓他們相信降價能導致銷售量的提高，起碼也要至少保住當前的市場佔有率。

價格戰的問題在兩方面會顯得更加嚴重：

1. 存貨成本和存貨迴轉率：如果為了滿足預計的需求而買進特定數量的存貨，你就必須要儲存這些存貨。隨之而來的會是一筆成本。你可能需要在把存貨賣給第三方前就需要支付款項。如果販賣的商品是有保存期限的，你也可能需要淘汰掉過期的存貨。

2. 毛利的降低是否能夠帶來足以支付企業所需營運費用的收入，並且能夠達成在可接受範圍中的淨利水準呢？讓我們再看一次表 4.1 的數據。

舉例來說，如果目標的淨利是 10％，企業的表現就需要像下面這樣：

銷售	£500	
銷貨成本	£100	
毛利	£400	80%
營運費用	£350	
淨利	£50	10%

不論是哪種原因造成的毛利下降，都需要用下面的方式來改善：

1. 增加銷售

2. 降低銷貨成本，也就是讓供應商同意降低供貨成本

3. 削減營運費用

上面列出的都是可行的方式，但仍需要仔細考慮：

1. 銷售增加可能表示要提高存貨水位，除非你賣的是零存貨或是寄賣的商品。因此，更高的存貨水準，會產生相對應的費用。

2. 要求供應商降低進貨價格，可能不是這麼容易就可以達成。即使真的談成了，也可能會因此產生某種賠償性質的要求，例如，他們可能希望是定期的付款，甚至是提前付清款項。

3. 近來，削減營運費用是很常見的行動，有效地讓你可以在技術上維持住有淨利的狀態。但是，企業需要有最低程度的營運費用來保持營運效益。此外，部分刪減是需要花時間才能看到效果的。例如：搬遷或許可以降低租金的固定費用，但更動地點所需的花費，首先帶來的是獲利的減少，而不是增加。

這類的獲利相關決策需要時間去

1. 維持

和

2. 執行。

他們可能會在其他領域帶來連鎖反應——不只是服務等級的降低，也有可能是品質水準不再。這兩項對於處於高度競爭環境中的企業來說，是非常嚴重的結果。

現金驅動力

講銷售很虛幻，看獲利是聰明，拿現金最實際——這是一句很出名的企業格言。

一個把現金當成是重要策略性財務驅動力的組織，若非是因為

他們的現金存量很低，就是他們從傳統銀行資源借到錢的可能性很低。

一般來說，企業的失敗不是來自於他們不夠賺錢，而是因為他們把現金燒完了！沒有現金就不可能繼續做生意（請參考第五章）。

有些企業因為本身交易方式的特性，需要的現金比其他企業來得少；相反地，有些企業就需要更多的營運資金（企業每日用來購買存貨和產生應收帳款，所需要使用的資金）。

舉例來說，服務業賣的是時間或是服務，而不是產品，他的現金不會被堆在倉庫貨架上的商品卡住。但是，這不表示他不需要現金來購買在製品（尚未付款的執行業務費用），而是他能夠定期地開立發票，並能夠藉由開票或是要求顧客遵守特定的付款條件，讓現金流得以鬆綁。

為了能夠具有現金驅動力，釋放更多可以使用的現金，企業需要主動提供類似提早或立即付款就能享有的折扣。

要讓這樣的策略產生效果，就要看顧客是否能了解付款所帶來的利益。在確定要端出什麼菜色之前，先思考一下這個公式的計算結果：

$$\frac{365（一年的天數）}{標準付款天數和提前付款天數之間的差距} \times 折扣$$

如果提供 2% 的折扣給在 10 天內就付款的顧客，當原來的付款時間是 30 天，這個 2% 就會變成利息費用。假設你用 2% 借了這筆錢，20 天後要還，換算回來的利息相當是年利率 36%。你的顧客在這個情況下肯定會立刻付錢，但問題是，這樣做到底有沒有達

到創造現金的目的？

除了上面提到的方法，還有許多方式可以用來創造現金。

快速地回收你的應收帳款和延緩支付供應商款項都能夠創造現金，雖然收款與付款期間的差距過大，對於你在業界的名聲一點好處也沒有。收到錢後才支付賣出商品或服務費用的概念，是一個廣泛被使用的作法；事實上，預付款項協議也很常見：在你實際使用商品和服務之前就先支付費用。

由現金所驅動的企業，不會將錢投進任何貴重商品或是任何形式的固定資產，建築物、設備和家具可能都是租來的。

像雷格斯這種提供實體辦公室租借的公司，就是基於這個原則：只有在你真正需要你想要的東西時，你才付錢。這樣的彈性對於草創初期，在資金上較不寬裕的企業來說，特別具有吸引力。

使用保密發票折現或是應收帳款承購協議（這兩種工具都在第三章中明確地定義過）也是取得現金的方式，雖然實際上它們並沒有創造更多的現金。對於一個快速成長的企業來說，在成本可以接受的範圍下，這樣的企業流程可以帶來不錯的益處。

顧客服務驅動的企業

對現實社會中的每個企業來說，維持在顧客心中的聲望是很重要的。對於顧客服務導向的企業，保持一致的服務水準非常必要。

顧客體驗是個十分成熟的概念，大部分的買家都很精明而且嚴格。這種現象的形成，特別是來自於身為顧客的我們，在每個階段的購買經驗中，不論是從我們第一次透過電話、email 或是傳真跟供應商接觸，還是到完整的服務體驗結束，都不斷地經歷顧客與供

應商的溝通接觸。

　　一個企業越了解他的顧客，並且聰明地運用這些資訊，就越有可能獲得更高的利潤。

　　和降價不同，對顧客的深入了解是很難被複製的。記得，獲得一個新客戶要比維繫一個舊客戶來得昂貴許多。因此，明智的作法會是，想想怎麼樣才能長期地保有老客戶。

　　思考一下下面的問題：

　　1. 提高老客戶的數量，會對獲利造成什麼影響？

　　2. 你每年流失多少比例的顧客？需要花費多少成本去找新的顧客來取代這些老顧客？

　　3. 長期顧客購買你的商品或服務的數量是否高於新的顧客？如果是的話，原因是什麼？

　　4. 哪一個對你的顧客來說比較重要：售前服務還是售後服務？

　　5. 你最好的（讓你獲利最多）顧客是來自滿意度高的老客戶轉介紹，還是來自於市場？

　　你或許不知道這些問題的答案，但是，你應該要知道。

　　你當然可以透過詢問顧客想要什麼和覺得有價值的是什麼，來找出上面這些問題的答案。這過程不複雜，你只要專注在提出關鍵性的問題，並確認任何必要的改變都有確實地被運用執行即可。

　　你可以先和員工一起回答表 4.3 的問題，再詢問你的顧客，確認你在他們心中的地位。

表 4.1 顧客關懷導向企業的確認清單

	是	否	評論
能辨識出組織的目標和優先順序嗎？			
這些目標有沒有在組織的顧客關懷策略中被拿來重新探討？			
能辨識出顧客用來評斷你的組織和服務的方法嗎？			
顧客服務的影響和客服中心的顧客回饋是否能被評估呢？			
組織內部是否認同顧客關懷事業單位所提供的服務等級呢？			
你能評估競爭對手的服務等級是嗎？			
你能評估非競爭者的服務機構所提供的服務等級嗎？			
提升目前客戶服務或客服中心表現的主要障礙是被認同的嗎？			
你能辨識出從現行客戶服務或客服中心處理態度上提高顧客滿意度的主要障礙為何嗎？			
企業有說清楚自己的驅動力就是顧客關懷組織嗎？			

上表來自於 www.toobox.com〈來自科技建築師的觀察：企業執行問題和解決方案〉，作者為首席科技策略長 Craig Borysowich。

　　不要害怕負面的評論；你只有從這些評論之中才能找到可以調整的地方。

　　避免使用這樣的評等方式：「1 代表非常好，4 代表很差。」因為這樣做你最後只會得到「普通」的回應。要求「開放式的」回答方式能夠讓你之後做出更好的改進。

試試看下面的顧客服務問卷：

1. 我們是否有快速處理你的要求？
2. 你覺得我們的售前服務怎麼樣？
3. 你覺得我們的售後服務怎麼樣？
4. 你會給我們的產品或服務什麼評價？我們的產品或服務符合你的期望或需要嗎？如果沒有，覺得可以怎麼改進呢？
5. 你覺得我們的運送方式怎麼樣？我們準時嗎？
6. 我們和競爭者比起來怎麼樣？
7. 你覺得我們控管品質的方法怎麼樣？
8. 請告訴我們，怎麼做可以讓你願意成為我們的長期顧客，並且願意成為我們的推薦人呢？

可以的話，最好能面對面得到這些問題的答案，畢竟品質永遠比數量來得重要。你得鼓勵顧客完整且誠實地回答這些問題，不然你只是在浪費時間而已。

品質驅動的企業

對於某些企業來說，品質與準確是唯一可被接受的企業驅動力。想想核能發電廠：任何低於頂級標準和準確度的狀況，都可能造成巨大規模的災難。

即使是對於某些安全性不是最重要關鍵的公司來說，差勁的品質有可能在法律上違反合約的規定。就某種程度而言，品質和一致性是所有企業主都需要審慎思考的嚴肅議題。

身為英國的領導品牌之一的嬌生，有一項策略是「超越一致」，產品和服務的目標包含下列：

1. 符合所有嬌生的標準和法律的規範。

2. 藉由對於品質、安全、工程和環境需求的了解使得產品、流程和設備得以最佳化。

3. 提供合作夥伴相關的規定，以及規定和標準中，預期會發生的改變。

4. 實現組織的卓越。

將品質當作是企業的驅動力，需要具前瞻性的風險管理方法。必須理解的是，從做中學需要先付出代價，這通常不會為股東帶來實際的獲利。

要同時滿足驅動力和利潤目標，比較理想的方式可能會是先考慮什麼對企業來說是成本，這樣一來，就可以將可能降低的獲利當作是對於未來獲利能力的投資。也就是說，將它當作是一筆資本支出，而不是收入費用。

主動選擇把品質當成驅動力的企業必須要很確定顧客清楚地知道公司的決定，並且認為這是這間公司超越競爭者產品或服務的額外優勢。

也就是說，品質是一種無法用法律來辯論是非對錯的訴求，實際上，它也不是為了完整的經濟意義而存在。

為了要實現這個驅動力的實質（可獲利的）價值，你必須要清楚地定義你的產品或服務品質，以及這跟競爭者之間有什麼樣的差別。

籠統帶過是行不通的，也沒有人會這樣就信任你。你需要實體的證據來支持你的品質宣言。只有透過這種方式，才能期盼品質會變成你的競爭優勢，讓你的收入或毛利增加，或維持在一定水準之上。

　　不要忘了，品質控管會影響企業中的每一個區塊，從一致性和生產效率，到交貨準點率，更包含了退貨管理或顧客申訴。

　　如此一來，預算就能夠被掌控。在進行任何財務模擬的時候，一個品質驅動的企業需要把這些區塊視為獨立的成本中心。

價值和道德驅動的企業

　　長時間關注於倫理貿易的信念，合作銀行集團和美體小舖證明了，這樣的企業驅動力能在企業獲利能力和穩定性上達成驚人的正面成效。

　　那些在道德問題上被挑戰的企業開始察覺到，公共關係若處理不好，會給企業帶來毀滅性的影響。二〇〇七年 Gap 位於新德里的紡織品工廠被踢爆讓童工（年紀約在 10 歲的孩子）在極惡劣的環境下工作就是個值得警惕的例子。Gap 不是第一個因為差勁的公共關係而遭殃的企業，當然也不會是最後一個。但是，顧客漸漸地意識到這些議題，並以實際行動來表達意見。過去像公平貿易這種不在常軌中的企業信念，逐漸變成主流，而道德議題也成為企業的重要優勢。

　　對於 X 和 Y 世代（30 多歲或 30 歲以下）的消費者來說，綠色企業近來不僅僅是主流，更是一項崇高的議題。

　　和採用我們在前面所談到其他驅動力的企業不同，道德或價值為本的企業，看的已經遠遠超越了刻板的經濟目標，他們考量的是經營背後更為深遠的企業意涵。

　　在評價這種價值導向的驅動力，你可以從某些列於下方的好處來思考：

1. 省錢（思考更好的廢棄物管理和回收方法）。

2. 吸引更多道德取向的投資人（不只是像合作銀行集團一樣，有嚴格的投資原則規範）。

3. 消費者因著符合道德標準的產品來源和製造流程，做出有鑑別度的選擇，而使得銷售收入增加。

4. 人員穩定度提高，透過親眼見證人人皆平等的方式，提高員工的幹勁。

上面所提到的好處都可以透過導入特別的策略進行財務上的量化估算。

相關的資源可以協助你將這些驅動力導入企業中，像是社區企業聯盟（www.bitc.org.uk）就是很好的例子，它長久以來在協助企業發展、合作交流、社會報告策略和成功評鑑上經驗豐富。

企業驅動力的選擇是常見的課題，成功的顧客認同能讓企業更加有效地運作，進而為公司帶來更多的獲利。

5

現金與獲利，哪裡不一樣？

身為企業中的一份子，你應該要了解的重要概念之一，就是現金跟獲利是全然不同的兩回事。雖然都很重要，現金，更正確的來說是擁有現金，一般來說，就是企業成敗的關鍵因素。

這一章所討論的，不僅僅是獲利和現金的差別，還有它們的關聯性及它們被操作和管理的方式。

除此之外，也會探討一些經過驗證，能夠同時為個人和企業帶來價值的現金管理流程和創造現金的技巧。

▌什麼是現金？

在企業中，現金是資產，是財務報表中資產負債表裡流動資產的一項。

不是所有在資產負債表上面的現金都是流動現金，也就是實際的錢。雖然有些現金會以零用金的方式存在，像是零售商放在收銀機裡的錢。大部分的現金會存放在不同的銀行帳戶中，儘管實際上

列在資產負債表上的數據被稱做是調整後的數據，也就是假設所有的款項都會進到銀行帳戶中，也會從這些帳戶中支付出去。這個數據會根據資產負債表製作日期，透過銀行系統結清。

▋什麼是獲利？

　　獲利就是某一時間點的收入（銷售或營業額）減掉所有的成本（費用）。利潤的種類有很多。

毛利

　　銷售和製作商品所需要的直接成本間的差額就是毛利，直接成本指的是所採用的勞力或是原料。

營業利潤

　　毛利減掉營運費用就是營業利潤，營運費用指的是所有經營企業和部門所需的其他成本。例如：租金、費用、熱能、照明、管理費用。

息後稅後利潤 (淨利)

　　淨利是扣除所有應付利息和繳交給政府的稅金，例如公司稅，再加上所賺得利息所計算出的營業利潤。

　　淨利是可以藉由股利的方式分配給股東的利潤。分配的多寡是

一個商業性決策，由董事會提出建議給股東，評估的層面包含：

1. 讓股東對於他們在投資後，所得到的回報感到滿意。
2. 需要在企業中保留多少利潤作為未來使用？要在資產負債表上展現多少價值？（請參考下方：保留盈餘）。

保留盈餘

保留盈餘是在支付股東股利後所剩下來的利潤，它會以保留盈餘的項目累計在資產負債表中。保留這些盈餘的目的，是為了其他的投資機會，或是用在未來的股利發放。

▎現金和獲利的關係

記得這件很重要的事：獲利的企業可能失敗，現金流順暢的公司也可能倒閉。但是同時擁有獲利和順暢現金流的公司通常都很成功。

單靠獲利是無法生存下去的。獲利可能受到會計政策影響而變得更加複雜；現金則通常不會受到會計政策的影響。

下面舉的例子不考慮增值稅：

	損益表		現金流	
銷售	40,000	銷售現金		40,000
減：		減：		
採購	-10,000	現金支付		-10,000
租金	-5,000	租金		-5,000
折舊	-10,000	機器成本		-1,000
機器成本	-1,000			-16,000
獲利	**14,000**	正現金流		**24,000**

折舊是一個獲利調整的項目，但對於現金流來說沒有任何影響。

上面這張表假設收入和費用的付款日期是同樣的。實際上，這樣的狀況很少發生，尤其是企業與企業之間的交易，通常都會有基準的付款條件。

舉例來說，你可能會讓你的顧客在 60 天後才支付他們購買商品的費用，但是你卻必須要在 30 天內付清你的採購和營運費用，你的現金流就會演變成下面這樣：

現金流	英鎊
現金流入	
銷售	0
現金流出	
採購	10,000
租金	5,000
機器成本	1,000
	16,000
負現金流	**(16,000)**

如果這個例子裡的企業也有資本支出需求或是需要交納的貸款，情況可能會更糟。這些項目都會影響現金，但對獲利來說，不會產生任何的差別（請參考下面的例子）。增值稅也會產生類似的情形，當目前稅率是 20％，現金流出會變成 19,200 元，稅金變成現金流金額中一個龐大的項目。

　　如果以 5,000 元購買了一項資產，忽略增值稅不談，現金的水位會像下面這樣：

	英鎊
現金流入	
銷售	0
現金流出	
採購	10,000
租金	5,000
機器成本	1,000
貸款償付	4,000
固定資產購入	5,000
	25,000
負現金流	**(25,000)**

　　我們可以得到一個合理的結論：一個好的企業流程，能夠確保你在支付款項之前就可以收到錢。記得，會計政策包含折舊、應收帳款、預付款項和資本支出，會從不同面向影響損益表和現金流量表的數據（請參考下面的說明）。

　　營運資金的變化也會影響現金流。營運資金就是錢在應收帳款、應付帳款和存貨之間的流動。如果很快付錢給供應商，你的現金就會變少；相同的，如果你很慢才向顧客收款，你擁有的現金也會變少。最後，如果你增加了存貨水位，你手上的現金又會變得更薄了。

	英鎊
利潤	10,000
折舊增加	2,000
	12,000
營運資金變動	
應付帳款增加	30,000
應收帳款減少	20,000
	62,000
減	4,000
存貨增加	(15,000)
	47,000

所以，從營運活動來的現金流量是 47,000 元。

▌獲利和現金，哪個比較重要？

這個問題沒有絕對的答案。討論的議題類型，回答問題的人在公司裡的角色位置也會對答案有影響。舉例來說：

■ 至少短時間內，股東對於獲利抱有很大的興趣。他們所分到的股利就是從獲利而來。話雖如此，即使公司賺錢，如果沒有足夠的現金，根本不可能發得出股利。

■ 出資人的投資文件中，可能會有類似最低獲利目標的特殊約定。如果目標沒有達成，他們就有權利可以拿走某些設備。

■ 對於併購人來說，有獲利的企業是比較有價值的。因為本益比就是評價公司的方法之一。

■ 對於員工來說，分紅計畫跟利潤表現息息相關，因此，獲
　利為王！

■ 信用評等機構會將獲利當成是公司評估流程的一部分。供
　應商也可能用這個數據來決定要不要跟這個公司合作。

　如果公司沒有辦法將獲利轉成現金，看不到實質現金的獲利，
帶來的只會是短期的價值。做生意不賺錢，久久一次還可以接受，
但是燒光現金或是找不到錢的窘境只要發生一次，就玩完了。

▌現金流量表和現金流規畫

現金流量表

　　現金流量表在過去被當作是資金報告的來源和應用。這份報表
記錄了從一份資產負債表，轉換到另一份資產負債表的期間，公司
的現金和現金等價物的變化情形，並把這些現金流動，依照它們的
特性分為營運活動和財務活動。現金流量表的範例請參考表 5.1。

現金流規畫

　　現金流規畫和現金流量表完全不同，現金流規畫和企業或部門
的未來現金狀況有關。跟現金流量表不一樣，這份財務報告看的是
未來。

　　這種文件不可能百分之百正確。但是，它們是企業很重要的工
具之一，因為它們評估的是到底有多少現金可以用。

　　現金流規畫透過一系列的情境假設，告訴讀者組織的預估現

金狀況。舉例來說：銷售和毛利是多少？顧客什麼時候會付錢？公司需要的營運費用是多少？什麼時候要付款給供應商？什麼時候會產生資本支出？什麼時候要償還貸款？什麼時候要繳納稅金？這些「假設」是現金流規畫成功與否的重要關鍵，應該要被收錄在報告中。如此一來，讀者就可以自己評斷這些數據的計算基礎是不是合乎常理。

一旦上面提到的模擬問題有了答案，經理人應該有能力評估公司或部門是不是可以用現有融資金額達成。如果不行，經理人也要有能力擬定相關作法，以確保現金流規畫可以順利地執行。

現金流規畫可能得透過非常多的步驟才能完成，包含：提高銷售額，改變和供應商或是跟顧客之間的付款條件，甚至是降低營運費用。

能提供給你這些資訊的，只有現金流規畫！

這份報告通常由財務部門每年製作一次，之後會再依據每個月的實際數據進行資料更新。在營運狀況不好的期間，這份報告不是天天更新，就是每週更新一次。

對於非財務經理人來說，這份報告的製作絕對不會是你的工作，但是你有義務了解它並處理調整所帶來的各種影響。知道可能會發生什麼事，可以幫助你的公司度過慘澹經營的時期。現金流規畫讓你可以有效地在現金流問題演變成企業危機之前，提前與出資人或供應商進行協商。

最佳的模型讓使用者可以調整數據，例如，改變顧客付款日期、延後付款給供應商。它讓使用者可以透過「如果……會怎樣……」的情境來思考。

表 5.1 現金流量表

單位	一月	二月	三月	四月	五月	六月	七月	八月	九月	十月	十一月	十二月
	千元	千元	千元	千元	千元	千元	千元	千元	千元	千元	千元	千元
發放股利前保留盈餘	42	23	72	60	43	46	59	43	42	88	46	52
利息支付	2	2	2	2	2	2	2	2	2	2	2	2
折舊	8	9	8	(396)	(9)	9	9	9	11	10	9	9
攤銷	15	15	15	14	15	15	15	14	15	15	15	15
營運收入現金	67	50	97	(320)	51	72	85	69	70	115	71	78
應收帳款	(7)	(31)	(94)	(73)	59	36	(42)	(14)	24	(104)	100	122
存貨	(7)	(34)	(36)	113	(37)	(172)	11	(144)	(74)	67	73	(27)
應付帳款	7	27	32	(44)	(36)	166	(51)	(7)	52	(116)	(78)	(81)
應付薪資	1	(3)	6	(2)	1	(1)	(2)	(1)	2	2	(2)	7
其他應付帳款	(70)	(51)	14	18	(22)	(8)	27	(34)	268	(72)	(1)	(2)
預付費用	(42)	24	(1)	(4)	2	(4)	30	(18)	7	6	9	8
應付稅金	19	18	31	28	24	25	32	16	(233)	40	24	26

項目									
營運資金現金	53	125	46	5	42	36	(9)	(48)	(50)	(99)
營運收入現金	132	196	116	90	114	(284)	42	49	0	(32)
廠房設備處置	1	(1)	(9)	(5)	(7)	404	-	(4)	(1)	(10)
財務／股本變動前資本／營運現金	133	195	107	85	107	120	42	45	(1)	(42)
分期付款利息	-	-	0	0	0	0	0	0	0	0
銀行／貸款利息	(2)	(2)	(2)	(2)	(2)	(2)	(2)	(2)	(2)	(2)
合計利息	(2)	(2)	(2)	(2)	(2)	(2)	(2)	(2)	(2)	(2)
長期負債還款	(13)	(13)	(13)	(13)	(13)	(13)	(13)	(13)	(13)	(20)
電腦貸款還款										0
商業貸款還款	(4)	(4)	(5)	(4)	(4)	(5)	(4)	(5)	(4)	3
支付股利	(113)	(13)	(13)	(13)	(13)	(106)	(28)	(28)	(28)	(11)
淨融資減少	(130)	(30)	(31)	(30)	(30)	(124)	(123)	(28)	(28)	(28)
淨現金變化	1	163	74	53	75	(6)	(8)	4	12	(72)
期初現金	102	(61)	(33)	(166)	4	(8)	(2)	(17)	14	86
期末現金	103	102	41	(113)	79	(14)	(8)	(17)	(2)	14

表 5.2 現金流量預測

單位	一月 千元	二月 千元	三月 千元	四月 千元	五月 千元	六月 千元	七月 千元	八月 千元	九月 千元	十月 千元	十一月 千元	十二月 千元	總計 千元
發放股利前保留盈餘	43	45	54	33	45	50	52	56	47	50	55	18	548
利息支付	2	2	2	1	1	1	1	1	1	1	1	1	15
折舊	8	9	8	9	9	9	8	9	8	9	8	9	103
攤銷	15	15	15	15	15	15	15	15	15	15	15	15	180
營運收入現金	68	71	79	58	70	75	76	81	71	75	79	43	846
應收帳款	19	9	(27)	39	14	(34)	(27)	(26)	0	9	(17)	113	71
存貨	19	19	21	17	19	20	20	21	20	20	21	14	234
應付帳款	(19)	60	(46)	(18)	(11)	17	7	9	1	(7)	7	(53)	(53)
應付薪資	7	-	-	-	-	-	(2)	-	-	-	-	-	7
其他應付帳款	(3)	(42)	30	(1)	(32)	25	19	(23)	24	22	(33)	(7)	(21)
預付費用	(12)	2	2	(4)	2	2	2	2	2	2	2	2	-
應付稅金	21	22	26	16	21	23	24	25	(270)	23	25	10	(33)

項目	1	2	3	4	5	6	7	8	9	10	11	12	合計
營運資金現金	32	70	6	49	13	53	41	8	69	6	80	—	206
營運收入現金	99	140	85	108	83	128	117	89	42	144	85	123	1052
廠房設備處置	(15)	—	—	—	—	(11)	—	(76)	—	—	—	—	(102)
財務/股本變動前資金/營運現金	84	140	85	108	83	117	117	13	42	144	85	123	1052
分期付款利息	—	—	—	—	—	—	—	—	—	—	—	—	0
銀行/貸款利息	(2)	(2)	(2)	(1)	(1)	(1)	(1)	(1)	(1)	(1)	(1)	(1)	(15)
合計利息	(2)	(2)	(2)	(2)	(2)	(2)	(2)	(2)	(2)	(2)	(2)	(2)	(24)
長期負債還款	(13)	(13)	(13)	(13)	(13)	(13)	(13)	(13)	(13)	(13)	(13)	(13)	(155)
電腦貸款還款	—	—	—	—	—	—	—	—	—	—	—	—	—
商業貸款還款	(4)	(4)	(4)	(4)	(4)	(4)	(4)	(4)	(4)	(4)	(4)	(4)	(48)
支付股利	(11)	(11)	(11)	(11)	(11)	(11)	(11)	(11)	(151)	(11)	(11)	(286)	(408)
淨融資減少	(28)	(28)	(28)	(28)	(28)	(28)	(28)	(28)	(222)	(28)	(28)	(304)	(614)
淨現金變化	54	110	55	78	53	87	88	(16)	(180)	115	56	(181)	318
期初現金	87	141	252	307	385	438	525	613	596	416	531	587	87
期末現金	141	252	307	385	438	525	613	596	416	531	587	406	406

表 5.2 是現金流規畫的範例。

增加現金流量的方法有很多：

- 降低存貨水準
- 延遲繳款給英國稅務與海關總署（最好是在獲得他們許可的情況下）
- 轉售資產，甚至是轉賣投資
- 付款也有休假日，例如：員工的退休金提撥
- 削減支付款項
- 延後發放股利
- 協商取得資本借貸償還假日

檢視現金流計畫最徹底的方式，就是一行一行地看，最好搭配著「如果……會怎樣……」的問題一起：如果我提高、延後、停止、降低會怎樣？——這些問題都會刺激你，促使你創造出更全面的報告。不要忘記在做某些變動時，更新先前設好的假設條件。

最後見真章的正確性考驗，就是把實際的資料拿來跟預測的數字做比較。如果數字一直不正確，找出哪裡有問題是最重要的事，特別是如果有出資人正在監控現實狀況是不是和符合預測的情況。太顯著的差異毫無疑問地代表著出資人可能因此失去信心，這可能會造成資金被撤除。

▌你額外拿到的，是利潤還是現金？

我幾乎可以打包票，每個企業或部門在財務上都有改進的空

間。問題是，很多企業人士都忙著要把工作做完，看不見機會，更沒有時間為了這些機會去多做些什麼。

下面列出來的不是一張完整的清單。每個企業或部門擁有的機會都不相同。

檢視每天的企業財務狀況時，不要滿腦子只想著增加了多少存款，應該想的是，銷售機會在哪裡？

有些絕佳的點子就藏在你的員工之中！許多案例告訴我們，員工遠比其他人更靠近某些機會和省錢的地方，所以問他們就對了！你可以設計一個極誘人的創意計畫，這個計畫不一定需要現金獎項；很多人反而會認為提早下班或是額外的休假日是最好的獎勵方式！阿奇‧諾曼（Archie Norman）在一九九○年代顛覆了 ASDA（編按：英國一家大型的零售業企業），他讓提出最賺錢和最省錢點子的員工能夠在週末使用他的專車和司機，而這招在 ASDA 超級管用。

下面列出一些值得討論的概念：

節省營運費用

為你的企業或部門做健康檢查（請參考第十章），檢視你購買的每個消耗品，進行價格降低協商，或是追溯折扣。你也可以和其他企業或部門併單，用單次訂購的方式，進行大量購買的洽談。

確認你的信用評等

現在有許多列出企業信用評等的網站（也有個人的信用評等網站）。「檢查」不應該等到企業陷入危機時才做，應該現在就做！這樣一來，即使你對結果不滿意，你仍然有機會趕快做些什麼。

這是一個風險趨避的世界，信用額度不斷遭到砍降。糟糕的信用評等可能會影響你接單和取得信用額度的能力，所以盡可能地讓你的信用評等保持良好是非常重要的。首先，你必須要知道你的評等，以及這樣的評等對於企業之外的人來說代表什麼。接著你應該想辦法找出提高信用分數的方式。

你可以先上 www.experian.co.uk 和 www.equifax.co.uk 等網站，看看你的信用評等如何。也有一個號稱可以幫你搶救信用評等的有趣網站：www.splut.com>money/financ；www.lloydstsb.com/advice/you_and_your_credit_rating.asp 則是提供經過縝密思考後的信用評等管理建議。（編按：台灣的話可參考中華信用評等公司 http://www.taiwanratings.com/）

鬆綁現金

現在的存款利率實在很差，長期的利率可能會好一點。如果你的存款帳戶裡有現金，把資金轉換到儲蓄存款帳戶會比將它們留在一個沒有利息的活期存款帳戶來得好一些！

存款利率比較低的時候，盡可能地把戶頭中的現金拿來償還貸款。這是因為銀行向你收取的利息費用，絕對比任何存款帳戶裡的利息都要高。

補助金和免費諮詢

　　有很多免費諮詢和補助金的資源，關鍵是要知道哪裡可以找到它們。試試看這個網站 www.grantsnet.co.uk，在這裡你可以了解英國所有資金的資料。針對節約能源的特別補助，可以參考這個網站：www.energysavinggrant.org.uk。（編按：台灣的節能補助可以參考 http://ghginfo.moeasmea.gov.tw/）

　　申請這些補助很耗時，而且不保證一定會通過，現在的資金不像 20 年前那樣充裕，但還是有機會可以拿到補助。有一些組織至少會提供一段免費的諮詢時間，協助你尋找補助，你可在這個網站 www.yourbusinessservice.co.uk 找到更多資訊。

售後租回資產（或是直接賣掉！）

　　如果缺現金，可以藉由賣掉不想要的資產，來釋放一點現金。

　　如果你還是需要這些資產，有些公司可以買下你的資產，再把這些資產租給你。雖然你到時可能要花上更多錢，但這不失為一個釋放短期現金的方式。

　　回收做環保不只是對地球有益。與其丟掉你的老舊資訊工具或是手機，為什麼不考慮把他們賣給各式各樣為了回收這些設備而成立的網站呢？

　　下面列出的這些企業提供售後租回的服務：www.rectfinance.co.uk、www.nationawide-asset-finance.co.uk。（編按：台灣可參考像是台灣工銀租賃 http://www.ibtleasing.com.tw 等相關企業）

賣出過剩的存貨

過時的、過期的或是過剩的存貨，基本上都會招住珍貴的現金。還不只這樣，隨之而來的還有它們產生的倉儲費用。你可以自己動手消化存貨，藉由降價來把存貨處理掉，但是這不僅很花時間，也可能對你的企業造成傷害。

有很多過剩存貨收購者，可以把所有你不想要的存貨一次清走。賣價通常很低，但它就是個買賣，為了達成快速清存貨的目的，這個方法還是值得一試。

用多餘的空間賺錢

如果有像是停車場、辦公室或倉庫這類多餘的空間，很容易找到願意承租的人，特別是短期的租借。

雖然這種需求是短期的，千萬不要為了貪圖方便，而不擬定具有法律效力的合約。合約內容不需要很複雜，但必須要有約束力。在沒有適當合約的情況下，處理雙方的爭執絕對會讓你花上一筆錢。

合資和成本共享

當我開始第一份事業時，我身上沒有什麼錢。但是我非常需要一本宣傳手冊（沒錯，這距離現在的網路世界已經很久了）。我找到一間小型的行銷設計代理商，他們願意用超低的折扣提供手冊給我，條件是他們要在手冊的下方放上他們的詳細資料。如果我沒有開口詢問，他們絕對不可能主動提供這樣的機會，創造這個雙贏的

結局。

我最近也做了一件很類似的事情，我在更新我的新網站時，這個方式又再次奏效。你可以串聯你的網站，只要有人在你的頁面點擊廣告，你就可以獲得報酬。試試 google 的廣告服務，或是亞馬遜的產品廣告應用程式介面。安裝這些介面不需要費用。它們的點擊費用不高，只要你網站的流量夠高，錢就會源源不絕地湧進來。

贊助也是一個用來降低成本和賺取現金的好方法。既然如此，為什麼不在公司裡試試看呢？別忘了，即使他們最後拒絕了你，試一下也不會讓你有什麼損失的。

檢查你的銀行所收費

你可以透過 www.chargechecker.co.uk 檢視銀行向你收取的費用是否合理。如果費用不合理，這個網站還可以協助你向銀行要求退回。銀行在利息和費用的計算上常常出錯，這樣的錯誤通常很難查出來。估計有 75％的企業都曾經在某些狀況下被銀行超收費用。

這個議題曾經在國會中被討論過很多次，銀行現在正積極地希望取得大家的認同，相信他們所做的是正確的事。你的第一步就是直接告訴他們，他們哪裡做錯了。

6

資產負債表

對於大多數非財務相關領域的人來說，資產負債表是最難弄懂的財務報表之一。損益表的概念是在呈現某一段特定期間中，企業或是部門發生了什麼事。但資產負債表就不同了，它是企業在一個特定時間點上財務狀況的實際快照。

這一章會讓你深入地了解資產負債表的意義、它的編製方式，以及它變化多端的內容。也會說明一份優異或是虛弱財務報表背後所代表的企業價值，對於任何使用這份報表來檢視和分析企業表現的人來說，這又代表著什麼樣的意涵。

基本原理

最簡單的資產負債表版本，是一間公司在某個時間點上，通常是在一個月或某一年末的資產和負債狀況。

■ 資產是一間企業擁有或是借出去的東西
■ 負債是一間企業借來的東西
這是一份可以有效地呈現你的公司資金從哪裡來，以及如何被

使用的報表。

資產負債表本身被分成兩部分：

1. 一份計算固定資產加流動資產減掉短期和長期負債的報表，最後得出結果就是淨資產。

2. 一份呈現淨資產使用方式的報表，例如說，把獲利變成保留盈餘。

表 6.1 是一個簡單的範例：

表 6.1 簡易資產負債表範例

A 股份有限公司 [1]

會計年度截止於 2012 年 12 月 31 日

	2012[2]	2011[3]
固定資產 [4]		
有形資產	9,350	10,840
流動資產 [5]		
存貨	800	700
應收帳款	5,675	4,722
預付款	650	615
銀行存款 [6]	-	437
存貨現金	170	142
	7,295	6,616

流動負債 [7]		
交易應付款	4,520	3,911
銀行透支 [6]	325	-
加值稅	698	623
所得稅	431	378
應計費用	750	700
	6,724	5,612
淨流動資產 [8]	**571**	**1,004**
長期負債 [9]		
銀行貸款	6,000	8,000
淨資產 [10]	3,921	3,844
	3,921	3,844
股東權益 [11]		
實收股本	100	100
損益	3,821	3,744
	3,921	3,844

1. 公司名稱和當年度之結束日期。

2. 當期的數據（在這個例子中，資產負債表是一年製作一次，但頻率可能更高，例如：每月一次）。

3. 上一個年度（或月份）的數據，用來作比較。

4. **固定資產**是預估可使用年限超過 2 年的資產，這些資產是為了企業營運而購買，而不是為了要買進來轉賣。汽車和電腦就是很好的例子。固定資產包含無形固定資產，也就是那些你看不到或摸不著的東西，例如：專利或商標的價值。

5. **流動資產**就是那些比較容易可以換成現金的資產。存貨是最
難變現（流動性最低）的，因此列在第一項。下一行列出的
是應收帳款（欠你錢的人），再來是現金（流動性最高的資
產）。更多的細節請參考下面的說明。

6. 特別注意，銀行存款可能是資產（存款餘額是正的），也可
能是負債（銀行透支）。

7. **流動負債**是預期在 12 個月內會發生的現金流出。更多的細
節請參考下面的說明。

8. **淨流動資產**：這個數字顯示出這個企業是不是有辦法償還目
前的負債。這個數值越高，代表企業越穩健。數值出現負
數，代表短期應付債務高過目前立即可轉換成現金的資產價
值。

9. **長期負債**：代表 12 個月後預計要付出去的現金，通常包含
銀行貸款和分期付款。

10.**淨資產**等於全部的資產減掉負債。淨資產如果是負的，代
表這個企業沒有償債能力（無法償還他的所有債務）。

11.**股東權益**：企業的資金來源。常見的算法是將一開始的資
金挹注（股本），加上截至目前為止的保留利潤。營運模式
更複雜的企業可能有很多不同種類的股本形式，或是發行溢
價（股票以高於面額的價錢賣出，中間的價差就是溢價）。

流動資產

流動資產的主要類別有：

■ **存貨**──可以細分為原料、在製品、成品。維持準確的存

貨水位是很困難的。存貨太多,現金不僅會被綁住很久,你還會有存貨變質壞掉的風險。存貨太少,你可能會有因著交貨時間太長而丟掉客戶的危險。

■ **應收帳款**──指的是顧客使用信用額度向你購買商品,但卻還沒有付清的款項。

■ **預付款**──你收到發票也付款完畢的商品或服務,但你卻還沒有享受到任何好處,例如:你每年預繳的保費。

■ **應計收入**──通常會和預付款合併。你已經完成(部分),但還沒有開發票給顧客,可能是因為工作還沒有完全結束。

■ **其他應收帳款**──非顧客欠你的錢。這可能是待退的稅金,或是借給其他公司的貸款。

■ **銀行存款**──包含活期和儲蓄存款帳戶。如果你的儲蓄存款帳戶餘額是正的,但你的活期存款帳戶卻有銀行透支的狀況,這兩項就不應該合併。儲蓄存款應該列在這裡,透支則應該要列在流動負債的項目中。

■ **存貨現金**──在公司裡面的零用金。

流動負債

流動負債的主要分類有:

■ **應付帳款**──指的是你向供應商購買貨物,卻還沒付清的款項。延遲付款給廠商可以增加你的現金流,但時間拖得太久,可能會讓他們不願意再跟你做生意。

■ **應計費用**──企業已經使用,卻還沒有收到發票的商品或服務。這可能包含最近使用的電話費用估算金額,或是已

經結束但帳單還沒有來的專業顧問服務。

■ **遞延收入**──通常會跟應計費用合併。指的是你在執行前就開出發票的工作，這可能包含直接進入帳戶和存款的款項。

■ **銀行貸款／透支**──活期帳戶裡的透支和貸款。對於長期貸款來說，只有在 12 個月內要償還的金額會列在這裡，剩下的部分會繼續列在長期負債中。

■ **稅金**──流動負債通常會包含加值稅、所得稅、預扣所得稅與國家保險

■ **其他應付帳款**──其他沒有列在上面的欠款。小企業的這個項目通常會包含像是為了增進現金流量順暢度的董事貸款。

公司法規定，所有股份有限公司的財務報表，都應該要包含資產負債表。現實世界中，需要準備會計資訊給外部使用者（例如：慈善機構、俱樂部、合夥人）的其他類型組織，也有製作資產負債表的需求，因為這是一張說明組織財務狀況的重要報表。

資產負債表不一定是用在評價公司上，這是因為列在報表中的資產和負債，依據的是歷史成本，而且部分的無形資產（例如：品牌、管理品質、市場領導地位）也沒有包含在其中。

你可以在下面這些情形使用資產負債表：

■ 為了報告目的，將資產負債表當做公司年度報表的一部分

■ 協助企業取得在某個時間點的優良信用評等

■ 幫助分析並增進企業的經營管理

分析資產負債表

財務比率把資產負債表裡取得的原始財務數據，轉變為可以幫助你管理你的企業和做出明智決策的資訊。比率顯示出兩個數字之間的關係，從一個數字除以另一個數字所得的商數，看出兩個數字的相對大小，繼而給予比率定義。財務比率分析是很重要的，因為它是出資人用來評估潛在借款人信用等級的工具。比率分析也是在企業中用來找出趨勢的工具，當然也可以用來比較兩個不同企業的表現。

下面列出六個可以從資產負債表中計算出來的財務比率，了解它們的定義還滿有趣的：

- 流動比率
- 速動比率
- 營運資金
- 財務槓桿比率
- 固定資產周轉率
- 資產報酬率

流動比率

流動比率是財務力道的衡量方式。它是流動資產相對於流動負債的倍數，可以針對企業償債能力程度，提出具有參考價值的說明。下面是計算流動比率的公式：

$$流動比率 = \frac{所有流動資產}{所有流動負債}$$

流動比率回答了這個問題：「我公司中的流動資產是不是有達到一定的安全額度，足夠在流動負債到期的時候支付這些款項？」依據經驗法則，較好的流動比率數值會是 2。當然囉，最適當的流動比率，依據企業特性和流動資產與流動負債的特質而有所不同。到期負債的計算方式經常會引發一些小爭議，應收帳款或是存貨的現金價值也常會造成很多疑慮。

流動比率可以藉由增加流動資產，或是減低流動負債來改善。可以用下面的方式達成：

- 分期支付債務
- 取得貸款（一年後才需償還的貸款）
- 賣掉固定資產
- 將獲利再次投入企業營運

太高的流動比率表示現金沒有被妥善的運用。因此，把現金投資在設備上可能會是比較好的選擇。

速動比率

速動比率也被稱為酸性測試比率。它是衡量公司流動性的指標。速動比率只取公司最具流動性的資產，將它除以流動負債。下面是速動比率的公式：

$$速動比率 = \frac{流動資產—存貨}{所有流動負債}$$

被視為「快速」的資產是現金、股票和應收帳款（所有在資產負債表上的流動資產扣除存貨）。速動比率是當不利情況發生時，企業是否可以償還債務款項的酸性測試。原則上，介於 0.5 到 1 之間的速動比率是讓人滿意的結果，只要應收帳款回收速度不會變慢。

營運資金

營運資金應該維持在正數。出借人用它來判斷一間公司在市場不佳時的存活能力。通常貸款合約將營運資金分成幾個借款人需要維持的層級，流動比率、速動比率和營運資金都是評估公司流動性的方法。大致上來說，這些比率越高對於企業越好，表示企業的流動性程度越高。

$$營運資金＝所有流動資產－所有流動負債$$

財務槓桿比率

財務槓桿比率是企業償債能力的指標。它是評估相較於股東權益，企業倚賴融資程度的一種方法，呈現出企業借了多少錢出去，又欠了多少錢。財務槓桿比率的算法如下：

$$財務槓桿比率＝\frac{所有負債}{淨值}$$

固定資產周轉率

固定資產是另一個在資產負債表裡的大數目，通常佔了企業資產中的極高比重。

公司在固定資產上的投資大多依據其行業別而定。有些企業比其他企業來得資本密集。龐大的資金設備生產者需要大規模的固定資產投資。服務業所需要的固定資產相對來說就比較小。主流的製造商通常有 30％到 40％的資產是固定資產。因此，固定資產周轉率在不同的產業也不盡相同。

固定資產周轉率計算方式：

$$固定資產周轉率 = \frac{淨銷售額}{平均固定資產}$$

平均固定資產的算法是將兩年的年末固定資產相加除以二（舉例來說，將 2012 年和 2011 年的固定資產加起來再除以二）。

檢視固定資產周轉率在不同時間的表現，並拿來和競爭者比較，可以讓投資者了解公司管理階層是否有效地運用這個重要的大型資產。它是一個把創造的銷售當成標準，評估公司固定資產生產力的簡單方法。淨銷售額相對於平均固定資產的倍數越高越好。投資者顯然地將穩定或是增加的固定資產迴轉率當成優良財務報表的特性之一。

資產報酬率

資產報酬率被視為是獲利能力比率的一種：用來指出一間公司

用它的所有資產賺了多少錢。把資產報酬率當作是資產表現的指標是不錯的作法。

下面是資產報酬率的算法：

$$資產報酬率 = \frac{淨利}{平均總資產}$$

平均總資產可以用前兩期的期末總資產相加除以二算出來（舉例來說，把 2012 年和 2011 年的固定資產相加後除以二）。

資產報酬率把損益表中最後一行的淨利拿來跟平均總資產相比，用百分比的形式呈現。百分比越高代表資產的運作越好。

資產報酬率的最佳用法是把它當成一個比較分析工具，比較公司本身的歷史表現，或是用來跟類似產業中的公司比較。股東、出資人甚至是顧客都可能會根據這個分析的結果做出決定，員工或潛在員工也會依此決定是否投入你的組織以及投入的程度。

然而，這個比率可能產生偏差的兩個主要原因是：

1. 它呈現的是單一的時間點

2. 它都是歷史資料

跟預算不同的是，資產負債表沒有將可能發生的採購或是資本和設備出售、併購企業或購入其他資產考慮在內。它僅僅記錄了在這個時間點存在的項目。當你在做分析時，絕對不能忽略掉這兩個重點。

▎無形資產的影響

大多數沒有實體的資產被認為是無形資產，基本上可以分為三個類型：

- ■ 智慧財產（專利、著作權、商標、品牌名稱等等）
- ■ 遞延費用（資本化的支出）
- ■ 購入商譽（投資所花費的成本超過帳面價值的金額）

不幸的是，資產負債表中對於無形資產的呈現或是報表敘述中使用的術語，並沒有一致的方式。無形資產通常會隱身在其他資產之下，只有在財務報表附註中（請參考之後的說明）才會揭露。

投入於智慧財產和資本化支出的財產通常不是物質上的。在大部分的情況中，也沒有辦法保證有經過足夠的分析審查。然而，聰明的作法會是仔細地檢視列在資產負債表上的購入商譽，反問自己『我覺得這個價格是可以相信的嗎？更重要的是，如果我們將它從資產負債表中拿掉，對於企業的淨值來說會有什麼影響呢？』

公司併購其他公司的情形越來越頻繁，購入商譽因此在財務會計中更加常見，不能忽略不看。但是，可能要對於購入商譽的內在價值抱持懷疑的態度。

▎如何在資產負債表中評價資產

如果資產是公司擁有的東西，他們就是公司透過交易取得的資源，具有可用貨幣衡量計價的未來價值。但是資產也包含了預先支付但還沒有到期的成本，例如預付的廣告費用、預付的保險金、預付的法律顧問費用和預付的房租。

所以，在公司的資產負債表上列出的資產可能包含：

■ 現金

■ 零用金

■ 應收帳款

■ 存貨

■ 預付保險金

■ 土地

■ 土地改良物

■ 建築物

■ 設備

■ 商譽

針對這些資產，我們必須說明讓這些資產的淨帳面價值減少的特定成本或費用。這些費用包含：

■ 壞帳折讓

■ 累積折舊——土地改良物

■ 累積折舊——建築物

■ 累積折舊——設備

■ 累積折舊——汽車

未計成本之影響

在資產負債表中列出的資產，反映出在交易時所記錄的實際成本。舉例來說，如果一間企業在 1950 年用 20,000 元買了一塊地，在 2011 年花了 400,000 元買下了相鄰的一塊地，這個公司的土地價值總額會是 420,000 元（20,000 元是第一塊地的價格，加上第二

塊地的 400,000 元）。這個 420,000 元的項目總額會在今天的資產
負債表上出現，即使這些土地在目前的市場價格可能已經增值到
3,000,000 元！

迫使會計師在資產負債表上使用 420,000 元這個數字而不是目
前市場價值的 3,000,000 元是來自兩個原則：

1. 歷史成本原則將會計師導向以原始的歷史成本認列公司的
資產。
2. 審慎原則將會計師導向忽略任何可能的價值增加，除非資產
已經過重新估價。

這些原則代表某些非常有價值的資源不會列在資產負債表上，
例如，公司頂尖的銷售團隊不會列在公司資產負債表的資產項目裡
面，因為

a　公司不是透過交易買下這個團隊的
b　會計師不可能知道要怎麼計算這個團隊的價值

對於許多的公司來說，消費品的商品名稱可能是他們最有價值
的資產。如果這些名稱和標誌是內部生成，他們的價值沒有列在資
產負債表上就很合理。然而，如果這個公司從其他公司買來一個商
品名稱和標誌，所花費的成本就會以資產的項目出現在購買公司的
資產負債表上。

▍股東權益

股東權益代表的是公司所有人／股東的權益（在企業裡的投
資），可以視為是一種公司資產的來源。股東權益等於報告中的資
產金額減掉負債金額。

　　股東權益也可能指的是剩餘的資產減掉負債。

　　如果你用基本的會計等式，這些關聯性就很合理了：

　　資產 ＝ 負債 ＋ 股東權益

　　只要重新調整順序：

　　股東權益 ＝ 資產 - 負債

　　舉例來說：

股東權益

股本 [1]	150	150
發行溢價 [2]	3,275	3,275
保留盈餘 [3]	2,146	2,928
股東權益總額	5,571	6,353

1. ＝股本，也就是為了購買企業股份所投資的金錢
2. ＝後來售出股份時，相對於原始發行價格所增加的差額
3. ＝企業賺取的所有淨利在股利發放和扣除應繳稅金後的累計金額

▌財務報表附註

　　資產負債表或是其他財務報表的附註被視為是財務報表的一部分。這些附註告知讀者像是重要的會計政策，公司做出的承諾和潛在的負債與可能的損失。這些附註包含了正確了解和分析公司財務報表的關鍵資訊。

在這些附註中，你可以找到一些關於企業，特別是財務報表的有趣事實。正因如此，附註是進行財務分析時必讀的重點。

下面是一些跟資產負債表有重要關聯的典型附註內容。

20X2 年財務報表附註

1. 有形固定資產

下面列出的折舊比率是將每個資產要降低的價值，平均分配於預期可用年度中計算而得的：

土地和建築物　　2%

廠房和設備　　15%

汽車　　　　　25%

在之前的年度，汽車的折舊是以 15% 計算。

2. 存貨

產品包含了製造的成本。存貨和在製品的價格以成本與淨變現價值孰低法計算。在先進先出的原則下，買進的商品以買進價格計之。在之前的年度，存貨是以平均購買價值計算。

3. 有形固定資產

單位	土地和建築物	廠房和設備	汽車	總計
	千元	千元	千元	千元
成本				
20X2 年 1 月 1 日	4,401	4,503	1,588	10,492
增加	570	656	265	1,491
處分	-	(35)	-	(35)
20X2 年 12 月 31 日	4,971	5,124	1,853	11,948
折舊				
20X2 年 1 月 1 日	269	1,430	348	2,047
處分	-	(20)	-	(20)
當年費用	46	345	104	495
20X2 年 12 月 31 日	4,971	5,124	1,853	11,948
帳面淨值				
20X2 年 1 月 1 日	4,132	3,073	1,240	8,445
20X2 年 12 月 31 日	4,656	3,369	1,401	9,426

4. 存貨和在製品

	千元	千元
	20X2	**20X1**
原料	1,362	87
在製品	27	42
成品	62	754
總計	1,451	883

5. 應收帳款

	千元	千元
	20X2	**20X1**
交易應收帳款扣除壞帳準備	1,837	1,007
預付款	28	26
其他應收帳款	46	28
總計	1,911	1,061

6. 流動負債

	千元 20X2	千元 20X1
交易應付帳款	750	801
英國稅務與海關總署費用	240	125
應付費用	413	193
預收款	120	10
	1,523	1,129
銀行透支	1,894	613
稅金	206	193
應付股利	184	131
總計	1,523	1,129

7. 長期負債

	千元 20X2	千元 20X1
董事貸款	7,000	6,000
銀行貸款	8,000	6,000
	15,000	12,000

貸款以公司資產之價值作為擔保。

8. 資產負債表期後事項

從年底以來，公司取得了 B 股份有限公司 10％的發行股份，B 公司的主要業務為進口高級義大利衛浴設備。這項投資的成本是 1,5000,000 元。

9. 董事交易

公司在正常交易條件下，從乙股份有限公司大量買進所需原料。A. Parr 小姐是乙股份公司的大股東和董事。

在這個截止於 20X2 年 12 月 31 日的年度中，類似的購買金額為 1,478,000 元，在會計年度截止時的未付款金額為 157,000 元。這些附註呈現了許多能幫助了解資產負債表的重要資訊。

附註解析：

1. 解釋不同企業採用的不同折舊政策，這個例子中強調企業將它的汽車折舊比例政策從 15％調整至 20％。這麼做會降低公司的獲利，但對他的現金卻不會產生任何影響。

2. 告訴讀者企業怎麼評價自己的存貨，在這個例子中的公司改採行先進先出法，也就是所有的存貨會用最老舊存貨的成本計算。前一年度則是以平均的購買價格計算。

3. 讓讀者知道公司將資產分成下列這些類型：
   土地和建築物
   廠房和設備
   汽車
   並提供進一步的折舊資訊與前一個年度的帳面淨值。

4. 介紹存貨和在製品的分類。這個例子中滿有趣的部分是原料從去年開始大幅增加，但成品卻在減少。

5. 將在資產負債表上一般會出現的應收帳款數字分類，包含交易應收帳款（欠公司錢的人）、預付款和其他應收帳款。

6. 流動負債的完整分析呈現出應付費用和預收款的重大變化，這兩個項目在兩年間顯著地增加。

7. 讓讀者認識長期負債的種類，在這個例子中列出的是董事貸款和銀行貸款。

8. 向讀者說明在報表完成後，企業做了一項重大的投資——投

資其他公司，因這是在會計年度結束後發生的事項，這項投資會以附註的方式標記，但不會列入這份財務報表的計算。

9. 解釋公司與另一間由公司董事兼任董事或股東之其他公司間的交易，並以量化的方式說明這個交易的價值。

附註 8 和 9 是法律規定必須要在財務報表中說明的事項，這也是會計專業為了確保資訊的透明度，必須遵守程序的一部分。

▌總結

雖然資產負債表可能只是一整份報表中的一張紙，但是，要完全了解它，讀者還需要檢視財務報表中的其他部分，特別是財務報表附註和會計政策。唯有全面地閱讀這些資訊才能真正地了解財務報表。

7

預算與預測

這章我們將討論預算的組成，它們如何被製作以及使用者是誰；此外，也會探討預算和預測的差異，以及它們在高效能企業或部門的經營上為什麼這麼重要。

對某些人來說，預算是他們可以使用的限度或是可以花費的上限，但對於想要更全面地掌控他們的公司或是部門的經理人來說，他們必須要了解預算和預測的價值、辨別它們之間的差異是，更重要的是，知道怎麼製作它們。

經理人只有借助這樣的洞見，才能期盼企業的經營變得更有效率。

▌什麼是預算？

我的資深經理常說，關於預算，你唯一能確定的一件事情就是：它是錯的。

比較技術性的定義，則會把預算當成財務報表的一種，製作的目的是為了預測未來的銷售、利潤、現金流，它是一份企業或是特

定部門在未來某段期間的資產負債表。

　　它可能是一頁非常簡單的一覽表，或是涵蓋許多面向的複雜報表。但是這份文件的重點是針對未來的狀況提出看法。它為企業或是部門設定目標和指標，並將企業內的單一元素納入考量，例如：銷售毛利和員工人數。

　　預算通常不是為了特別的事件或活動而做，但像是併購，就是為了每年的整體企業營運計畫流程而做。

　　其中一種使用預算的方式，是把它視為到達預期目的地的路線圖。這樣的說法是假設，你在心中有一個最終目的地，事實上它是整個預算執行的一部分。如果你沒有預算，這就像坐進一輛車，但卻不知道要去哪裡或是該怎麼到達那裡。

預算基礎概念

　　對於某些人，特別是相信自己的企業或部門表現優異的人來說，製作預算看似是個很無聊的過程，但事實上，它是讓你的財庫保持井然有序的重要關鍵。

　　預算不全然是減低或刪減金錢支出，雖然它們的確是預算要求的一部分。預算要讓你更了解自己擁有多少，以及該如何去分配這些資源。

　　預算這個字事實上來自於古法文單字「bougette」，意思是小的袋子或皮包。一個好的管家，也就是企業人，應該要知道他們的包包裡有些什麼，以及他們需要多少來維持最適水準。

▌什麼是預測？

以具體的定義來看，預測和預算很相似，但差別在於預算通常是一次性或是年度的作業，預測則是更貼近現實狀況的文件。預測的改變是為了反映實際上所發生的事，通常是以每月為基準做更新。在這種狀況下，預測演變為在年度結束時，事實和推測（也就是預算）的綜合體。我們可以這麼說，預測提供了年度的預測結果，但預算始終維持不變。

▌預算和預測的差別

預測不是目標。它只是個精細的財務工具，讓你可以更為準確地以實際發生狀況為基礎看待未來。

預測在實際成效方面比預算更為即時，因為它呈現的是當前的狀況，因此是評估企業營運表現的較好工具。

相對於預算告訴你應該往哪裡走，預測呈現的是你的企業或部門的實際走向。一般都會期望兩者的方向是相同的，但事實總不盡人意。

如果依據你的預測結果，你發現到你並非朝著預算期望的方向走，預測的概念就是要幫助你採取先發制人的改善行動。預測持續不斷地觀察著未來，讓經理人可以在未來的問題變得無法解決前先發現它們。

預算的範例請參考附錄 E。

▌怎麼製作預算

　　對於第一次嘗試意進行這項作業的人，在拿到一張空白紙的時候，可能會感到非常挫折。因此，最好的方式是，將預算分成幾個類別分頭進行。

　　有很多不同的學校提供相關的製作教學，有的認為從預期的結果（這些結果可能是現金或是利潤目標）著手，進行預算回推是較適當的方式；有的則認為應該要查閱主要的財務報表，也就是損益表、現金流量表和資產負債表中的交易項目。這兩種方式都能讓製作報表的人，因為有所依循，多少在製作流程中有比較放鬆的感覺。

　　不論你選擇的是哪一種方法，有些狀況會持續不斷地發生：可能會有一個或多個部門無法接受初版的結果，或是他們只是不停地要求你去設想一些「如果……會怎樣……」的情境。這類的問題可能是：如果我們沒有達到這些銷售目標，現金流會怎樣變動？

收入或銷售

　　為了更正確的進行預估，我建議你將這個項目拆解為：

- 舊顧客的銷售額
- 舊顧客的新商品／服務銷售額
- 新顧客的銷售額
- 新顧客的新商品／服務銷售額

　　這讓你可以思考，從新顧客而來的新生意和從舊顧客而來的新生意為企業帶來什麼樣的影響。

其他收入

你的企業是否收到其他的收入，例如像是補助金、捐款、財產租金這類的業外收入？如果沒有，有這樣的計畫嗎？這些收入會從何而來？

毛利

就像我們之前看到的，如果你用我建議的拆解銷售項目方式，將毛利依照顧客族群和商品分類，預算就會變得更加精準。

你有調漲價格的計畫嗎？你的供應商有嗎？毛利就是銷售額跟銷售成本之間的差距，所以，藉由了解你的目標，你能夠計算出毛利和銷售額，以及你預算中的銷售成本。

如果你是個製造商，你需要將銷售成本分成勞力成本和原料成本。再來，你需要考慮工資調漲、員工效率和原料的價格變化。

對於成熟的企業來說，將前一年度的預估毛利與實際達成的毛利放在一起比較是很合理的事。

毛利率（毛利 x100，再除以營業額）是一個很重要的數字。你預定的毛利率應該要和前一年度實際達成的數字一致。雖然你的間接成本可能會改變，它們很可能會有波動；達到足以吸收間接成本的毛利水準是重要關鍵。

間接成本

典型企業的間接成本標準清單可能包括：

- 租金
- 利率
- 水電瓦斯

- 郵務列印
- 文具
- 差旅費
- 交通費
- 交際費
- 電信費
- 銀行手續費
- 廣告
- 訓練
- 修繕
- 清潔
- 保險
- 薪資和國家保險
- 雜項
- 折舊
- 專業顧問費

這張清單雖然離徹底詳細還差得遠，但不失為一個好的開始。

許多企業把間接成本歸類在建置、管理、銷售成本、財務費用等等的項目之下。也有些其他的企業，尤其是海外公司，會依照字母的順序列出這些項目。成熟的企業會有可以依循的成本項目清單。

在一開始就高估成本並預留空間給無可避免的超支，在一般狀況中可能是較好的作法。

如果要替已經有成本項目的成熟企業製作預算，在已知的成本之外，還得加上通貨膨脹的考量，以及確定會產生的費用，像是品

牌改造，或是大規模的教育訓練課程計畫。

如果沒有達成最終的利潤目標，你隨時可以再次回頭檢視這些項目。這種方式讓你從一開始就考慮到最糟的狀況。

利息

根據不同狀況，你可能會需要評估一段期間的貸款要求，這就是我們在預算中列出的各種有關借貸的利息項目，不論是銀行透支、貸款、分期付款還是租賃。大部分的情況下，這些利率是公開的資訊，但要記得的是，許多放款人是以銀行貸款的利率為基礎，因此利率常會出現變動。

稅前淨利

從毛利中扣除營運費用的總和就會得到稅前淨利金額。

如果算出來的結果跟你想的不一樣，就是需要回頭檢視你所設定的假設條件的時候了。你有下面這些選擇：

1. 提升銷售額
2. 提升毛利
3. 壓低營運費用

採行部分或全部上面列出的方法，可能會產生預期的效果，但要提醒你的是：跟著現實走，越靠近越好！絕對不要欺騙你自己！

資產負債表

當檢視一個穩健成長公司的資產負債表預算時，你應該從結帳後的資產負債表（前一期間的最後一份資產負債表）著手，藉此推

測可能會對現金流產生影響的決定。

固定資產：有形

　　你的企業必須要有基本的設備，所以你應該要仔細思考：你有什麼？你需要什麼？舉例來說：

建築物

　　你需要額外的空間嗎？如果回答是「需要」，下一個問題來了：你要用買的還是要用租的？如果要用買的，這就產生了固定資產購買；如果是用租的，它就會變成損益表裡的一筆支出。

　　你用什麼方式購買，這又是另外一個議題了。但對於財務報表預測來說，重要的問題是購買的時間點以及花費。

　　當你做了決定，購買一項資產的成本會記入你的資產負債表（這項成本是以實際成本來記錄，而不是成本淨額，也就是說只計算購買這個建築物所花費的總成本，不考慮其中有多少金額是以抵押貸款支付的。）

廠房和機器

　　資產負債表中的資產都設定為購買進來的項目。（如果它們是僱用來的或是租來的，就會被認定為損益表中的費用支出。）

　　在看資產負債表時，你必須考慮你需要什麼，並估計這些投資的花費。如果你是每月提交資產負債表預測而不是在會計年度結束後才提出，你還需要評估要在哪個時候取得這些資產。

設備、家具和汽車

考量的方式與執行的流程和處理廠房與機器相同。

固定資產：無形

商譽

就像你在第三章已經知道的，無形固定資產包含了外購商譽，也就是買下某間企業所花費的實際金額和它的淨資產之間的差額。

如果要將商譽導入資產負債表中，你一定是在考慮要用高於它淨資產的金額來投資某個企業。這樣的預算不屬於非財務相關經理人的職務範圍，但這種類型數據的來源還是有了解的價值。

其他無形資產

可能包含購入的專利或是用於研發的投資。企業有可能將研發投資當做是費用（也就是損益表裡的成本）。將研發花費資本化的決定，也就是把它當成是資產負債表裡的資產項目，通常會成為爭議的問題點之一，不僅是企業內部的財務專家，會計師也會針對這個流程的合法性和因此衍生而來的各種稅務問題提出看法。

流動資產

存貨和在製品

從第五章你應該已經知道維持最佳的存貨水準不僅可以保有現金，更能兼顧效率。當企業的銷售量不斷提升，存貨價值也會因為要滿足訂購而提高。然而，除非供應鏈有所變動，存貨天數應該

要保持穩定。

　　存貨管理對企業來說是不曾停止的挑戰。你賣的不是新鮮空氣，所以你必須讓顧客有現貨可以購買，但是相對過多的存貨，會讓你的大把現金困在購買和儲存這些存貨上。

　　為了要控管預算，你應該從檢視歷史存貨天數開始（請參考第四章）並且思考：

　　1. 存貨天數是否有效地符合顧客的需求？

　　2. 增加或減少存貨水準是否符合實際上的狀況？

　　Sage 之類的預算工具可以協助你提出「如果……會怎樣……」的情境假設，例如：如果持有更多的存貨會怎樣？這會吃掉多少現金？我們可以負擔這樣的投資嗎？

　　如果決定要減少存貨，也就是釋放存貨數量來換現金，記住，在製作預算時，這種情況成真的速度會遠低於你的期待，所以，還是將它們納入你的決策考量吧！

應收帳款

　　應收帳款就是顧客向你購買產品或服務卻還沒有償付的金額。這些金額已包含加值稅。

　　和存貨計算一樣，最有效率的預算工具之一，就是衡量你的最佳應收帳款天數，換句話說，就是平均來說，你的顧客要多久才會付錢給你。這需要將付款條件納入考量。如果你習慣提供顧客 60 天的付款期間，從預算的觀點來看，假設自己可以在 45 天內就收到帳款是不合理的。越快收回帳款，你的現金靈活度就越高。

　　像是 Sage 這樣的綜合預算工具，不僅能讓你檢視這個假設「如果我們能在 60 天內收回款項，而不是現在的平均收回天數 75 天，

那會是什麼情況？」它也能在你的現金流預算中，顯示出調整收回帳款天數的結果。

現金和銀行存款

現金和銀行存款指的是你在某個結算時間點上有金額為正的現金餘額。跟它並列的還有對應的現金透支狀況，這兩個數字通常是在預算上的最終平衡數值，是影響其他計算的重要因素。

流動負債

流動負債就是一年內需要償還的債務。它們包括：

交易應付帳款（還沒支付給供應商的發票金額）

當製作預算時，想想你打算在多久之後付錢給你的供應商（交易應付帳款就是那些原料的成本，不包含營運費用，例如：租金、水電瓦斯、利息。）在製作預算時，只有未還清的負債會被列為相關項目。

透支

和銀行存款一樣，透支是一個經過調節的結餘數字，顯示企業在某個時間點的估計透支金額。

預扣所得稅與國家保險

預扣所得稅與國家保險就是應繳納給稅務機關的稅金，以及你向員工收取的保險金，你必須代表員工繳納這些費用，但實際上這些款項還沒有支付。

應付費用

　　應付費用是準備用來支付那些你已經使用的商品或是服務，但還沒有被收取費用的發票金額。在製作預算時，通常會忽略這一項。

增值稅

　　增值稅是我們代表稅務機關在銷售時收取的稅金。當計算預算時，結算增值稅的支付金額是很重要的，這個金額相當於銷售發票金額所收取的增值稅額扣除購買發票金額已支付的增值稅金額。

在 12 個月內需支付的其他負債

　　是否會有這些負債的產生，完全是來自於你公司的決定。這些負債可能來自於分期付款、餘款、短期債務款項。

長期負債

　　長期負債就是任何在 12 個月後才需償還的債務。別忘了，我們記錄在資產負債表裡面的是還沒有償還的全部餘額，而不是記錄在現金流量裡的付款金額。

　　長期負債可能包含比 12 個月還長的分期付款、抵押貸款和長期貸款。

股本

　　如果你是一個草創初期的公司，股本代表的是股東一開始投入的錢有多少。對一個穩健營運的企業來說，股本僅在有發行（賣出）更多股份時，才會出現變化。公司發行股份會讓股本變大。

保留盈餘

　　未分配給股東的利潤（也就是股利）或是未支付給稅務機關的稅金會被以股東的名義保留在公司，保留盈餘代表著從公司開創的那一刻就開始累積的未分配利潤。

現金流量

　　對於很多企業來說，這是最重要的預算表。如果不知道維持企業或是部門的營運需要多少錢，你根本不可能在缺錢的狀況下繼續存活下去。

　　簡單來說，它就是預期會進入企業銀行戶頭的金額減掉預計要支付出去的金額所得到的總結金額。你該記住的重點是，會影響損益表的事情不一定會影響現金流量，相同地，會影響現金流量的事情也不一定會對損益表產生影響。（請參考第五章）

簡單的現金流量預算製作步驟

1. 從你目前的現金水位開始，也就是你在銀行裡有多少錢（不要忘記要使用結餘的金額）。如果你是一個新創企業或部門，這個數字可能是 0。

2. 用你的銷售預估來檢視你的現金。試著想想看，你可能在什麼時候可以從顧客手中收到錢。如果提供給顧客 30 天的付款時間，你必須要有這樣的認知：這個月的銷售額在最好的狀況下也要下一個月才會進到你的口袋。你也應該把增值稅的因素納入銷售額當中，雖然這筆不屬於你的錢最終還是要付給稅務機關，但它一開始還是會先進到你的銀行戶頭裡。

貼心提醒：帳款的回收很少在設定的期限內完成。也就是說，你允許某些人在發票開立的 30 天後支付款項，不表示他們就會乖乖照做。他們可能會提早付款，但大多數的狀況是他們會拖延，所以處理現金流量時，必須特別小心這一部分的帳款回收。如果這些狀況動搖了你的現金狀況，你應該要特別注意並做出調整，但是，千萬要面對現實。你最不該欺騙的就是你自己。

其他現金流入

你的企業或部門有什麼樣的其他收入來源呢？舉例來說：

- 是否借款給其他人？如果有的話，是否有即將到期的應收款項呢？
- 是否租借空間給其他部門或企業並收取費用呢？
- 是否向顧客收取保證金？
- 是否有股份出售？

以上這些代表流入企業的額外資金。你現在必須思考的是，多久之後可以收到這些錢。

現金流出：每月費用

優先考量每個月都需要支付的開銷。這些直接的費用通常會是薪資，但你應該要非常仔細地檢視損益表上的每個項目，並且區分出在同一月份實際支付的費用。

不要忘記，如果這些費用會產生增值稅，你需要將這些費用納入現金流量裡，即使這些費用不會出現在損益表裡。

應付費用欠款

幾乎所有企業都採用延後付款的方式支付他們大部分的費用，特別是支付對象為直接原料的供應商。在確定和供應商彼此之間的付款條件後，你需要推估自己會在未來什麼時間點支付這個費用，當然，不要忘記把增值稅算進去。

應付費用預繳

某些費用是要在使用前付費的。例如，租金通常都會預收 3 個月的金額，保險金通常會一次先支付未來 12 個月的費用。所以儘管這些費用會記入每個月的損益表中，它們卻是在約定的時間點全數從現金流量中支出。就像之前所說的，如果有任何相關變化的項目，記得要把它納入其中。

週期性付款

有一些費用是企業在累積一段期間後，以現金支付。這類型的付款在每個企業裡面都不相同，但許多公司會延後每季需繳納的增值稅。所得稅也是一年支付一次。這些款項因此會在現金流量預測中根據相關付款時間點列出。

資金支付總額

雖然購買像是汽車或是設備等資產的時間點和企業的獲利能力一點關係也沒有，但這卻會影響你的現金流量。所以，想想該在資產負債表的資產項目加上什麼，以及你什麼時候需要支付這筆錢（老話一句，別忘了增值稅）。

不該出現的項目

現金流量中不應該出現非現金支出的費用，例如折舊，雖然它的確降低了利潤並減低資產的價值，但它和現金一點關係都沒有。

淨現金水位

這會依據所有的投入（現金流入）和所有的使用（現金流出）來計算，這會讓你得到一個在每個期間結束時的預估現金水位，這個金額可能是正的也可能是負的。

評估和調整

現在，你推算出你的現金水位，問題來了，你滿意嗎？簡單來說，如果你的現金水位是負的，你有取得資金的管道嗎？如果你的現金水位是正的，它符合你需要的水準嗎？

不論這些問題的答案是什麼，回過頭去重新檢視預算中每一列，開始玩一個叫做「如果……怎麼辦……」的遊戲。

■ 如果我沒有達成預估的營業額怎麼辦？

■ 如果顧客比我預估的還晚付錢怎麼辦？

■ 如果我沒有從我的供應商要到我期望的付款條件，必須要提早支付款項怎麼辦？

■ 如果我調降價錢，或是我的成本增加了怎麼辦？

這些「如果……怎麼辦……」的假設技術上稱為敏感度，由於你最初的預估實際上很少會成真，這些假設是製作預算時不可或缺的一部分。採用多樣的選擇在商業上是十分合理的，如果你找不到其他的理由，測試自己的假設是否符合實際狀況就是一個最好的理由。

▋回到預測

　　現在你設定並確認了你的預算，你很有可能需要一些內部以及外部的收尾程序，也就是所謂的核可。如果你在尋求借錢的機會，你的出資者會因著這些數字以及這些數字的健全度而感到興奮。

　　預算實質上是一個確定的目標，因著現在的預測提供了使用者預估的操作成效，預測轉變為一種用來確保管理團隊可以獲得更為即時資料的財務工具。這讓未來在策略上任何需要改變的決策能夠建立在實際的成果上。

　　預測和預估到頭來都是計畫，只要是計畫，總是有出錯的可能。就像詩人 Burns 的詩句，不管是人還是老鼠，即使是最好的計畫，最後的結果也可能會出人意料之外。在企業界還有另外一句諺語是這麼說的，最失敗的計畫就是導致失敗的計畫。在現在這樣脆弱的經濟中，有一套預算是非常重要的，藉由預測不斷地更新預算，並且用這個預算計畫來設定你企業中重要部門的目標。

　　這是帶領你的企業走向成功的唯一希望。

8

管理會計報表

　　管理會計報表說明了公司的表現。除了非常小型的公司,管理會計報表對於所有的公司來說,是董事會和資深管理團隊必備的商業工具。這些文件讓那些無法整天待在企業中的人,從財務的角度了解:組織在報表涵蓋的期間中發生了哪些事情。

　　在這章,我們會看到一份完整的管理會計報表應該包含什麼、不應該涵蓋什麼。分析管理會計報表的分配計畫和編排原則,以及如何解讀報表資料背後的意涵。我們也會看到管理會計報表應該要提供的解答,和應該試圖點出的問題。接下來,我們會檢查是不是有可能提供了過多的資訊,了解及時產出報表的重要性。

▌什麼是管理會計報表?

　　報表變化多端,因此沒有所謂的典型報表。但是報表的確是有一些共同的元素,你在附錄 A 裡會看到品質優良的報表範例。

　　報表最重要的是要符合企業需求,為它的目標讀者量身訂做。它不應該是依據「我們以前都這樣做」的公式,除非,這樣的作法

非常非常的無懈可擊。如果你總是重複做著你一直在做的事，你能獲得的，就是你以前所獲得的成果。

組合報表的基礎概念

在報表應該符合個別企業需求的前提下，每份報表可以說都是獨一無二的。

當我們講到「組合報表」這個詞，你應該知道它在暗示這份報表包含的資訊是頗有份量的。但組合報表的資料多寡會因著企業的複雜度和這份報表的讀者而有所不同。有時候太多的資訊反而和過少的資訊一樣無用，但適可而止往往最難做到。

我認識很多財經專家每一個月都要花上兩週的時間在收集一些只會被隨意瞥過甚至沒人會看的資料。但是，對於那些不太了解企業日常運作的非執行董事們來說，只有一頁的資訊概要根本就不夠！

理想的報表最少應該包括以下幾個重要的財務報表：

■ 資產負債表

■ 損益表──當月和當年度

■ 資金流量表

這些報表應該要拿來跟預算做比較。前一個年度和未來的預估報表應該要包含這個月發生重要議題的書面摘要。

組合報表所包含的報表極有可能比上面所列出的多出很多。我會在這章裡探討其他的相關資訊，這對於讓你更深入了解公司的財務議題將有很大的幫助。

組合管理報表的目的到底是什麼？

　　這些組合報表不是幾分鐘就可以做出來的東西，當然也不可能在幾個小時內完成。毫無疑問地，製作、閱讀、消化它們會佔據你寶貴的管理時間，但讓這些成為對讀者有用的資訊很重要，同時更重要的是，你得了解製作這份報表的原因是什麼！

▌內部使用者

　　受益於組合管理報表的使用者原則上有：
- ■ 董事會
- ■ 執行管理團隊

董事會

　　董事們依法應付起充分了解自己公司財務技術面的責任，如此一來才能全面地執行任務。有些董事就是比其他董事更透徹地了解公司的財務狀況，但這怎麼樣都不該是那些對於財務不在行的董事用來略過報表的藉口。

　　在這樣的概念之下，製作資料的人應該要知道董事間的認知程度存在著落差。製作報表的方法有千百種，但製作所有管理相關資訊時的一個基本原則叫做「越簡單越好」！

　　這並不表示組合報表的價值應該因此被削弱，相反的，如果它的架構得宜，反而能夠達到相當好的效果。如果製作組合報表的人能夠使用觀眾可以理解的語言，這些資訊的實用性將會更高。

董事們很有可能因為害怕看起來無知而不願意承認他們其實看不懂報表。他們甚至可能因著一些對他們來說看起來很蠢的問題而覺得十分難堪。如果你碰到這種狀況，記得，笨問題幾乎不存在。這些可能是某些人非常想問卻害怕開口的重要問題！

有一些自己準備資料並做簡報的財務董事能夠了解他們的聽眾。遺憾的是，只有少數的財務董事會用他的董事夥伴聽得懂的財務語言來說明。要求深入說明是最明智的作法，如果你是董事的話，這可是你法定責任的一部分。

執行管理團隊

在一些企業中，這個團隊的成員也可能身兼董事。然而，當管理團隊扮演功能性角色時，他們帶領的可能是銷售、營運、人資或是行銷部門。董事和執行管理團隊也可能是完全不同的兩組人馬。和董事會所面臨的狀況一樣，執行團隊成員對於財務了解的程度也存在著一定的差異。

當董事會在看跟公司整體營運表現相關的資料時，較講究的主管可能會對於組合報表中的特定要素有興趣。例如：

■ 業務主管可能會對於毛利、營業額或新顧客取得和流失等數據有興趣

■ 人資經理可能會對於員工人數、離職人數和新進人員等數字有興趣

■ 營運經理可能會想了解倉庫的效率比率

然而，所有的主管至少都應該對於自己的部門是如何被另一個部門影響有基本的認知。舉例來說，提高銷售額的銷售活動可能牽

動員工配置的議題和營運的考量。雖然剛開始看起來像是各自獨立的活動，但在報告中的所有部門都跟另一個部門有所關聯。

　　給這些主管的組合管理報表很可能會比給董事會看的更廣泛且多元。

　　讓業務主管滿意的模範報表應該包含以下資訊：

- **陳年舊帳清單**——這是一份顧客清單，列出他們積欠的額度和時間。
- **毛利**——銷售額和銷售成本之間的差額，以顧客、產品、產品種類和區域分別列出。

　　如果業務主管旗下帶領許多業務人員，將個人的表現依照目標或是前一年度數據分別列出也很重要。

　　對於營運主管來說，報表中詳細的說明應該包含以下資訊：

- 運輸效率
- 配送時間分析
- 產品周轉率
- 存貨天數和存貨周轉率

　　下面列出的某些資料毫無疑問地幫助人資主管得以就人事議題向董事會提出建議：

- 病假天數
- 缺席率
- 新進員工與離職員工
- 招募成本與預估成本
- 員工銷額比

財務主管（需額外準備報告給像是出資者這樣的第三方）可能
會對這些有興趣：

- 毛利比例，例如毛利和淨利
- 需履行的承諾，例如利息保障倍數或是股利保障倍數
也可能需要負責資金的運用效率，例如：
- 應收帳款的收回和應付帳款支付監控
- 現金募集
- 大致的財務目標達成

董事不太可能會仔細地看這類型的管理數據，但這對管理團隊
來說卻極其重要！這些資訊幫助他們專心在需要他們關注的特定領
域上。

外部使用者

銀行或利害關係人契約

作為企業正式承諾的一部分，契約（一種具有約束力的承諾）
可能會要求你要讓你的銀行或是其他有影響力的利害關係人有取得
相關財務資訊的權利。沒有確實遵守可能會讓你遭到像是取消銀行
貸款這樣的處罰。

管理組合報表的唯一外部使用者極有可能就是那個有權利要
求你將這份報表納入投資協議中的人。大部分的情況下，管理組合
報表是為了管理團隊和董事會而製作。

擁有檢視這類資訊權利的外部人士可能可以看到全部的資料，但通常他們只能看到報表的某些特定部分。一個外部單位想要了解我們所討論的細節內容是很奇怪的。不論實際狀況怎麼樣，我的建議是，確實地提供這些外部使用者所要求的內容，不要多，當然也不能少！

雖然這看起來是一個再平凡不過的建議，但在我的經驗中，大家卻有下面這些的傾向：

■ 給一個只對特定議題感興趣的人太多無關的細節。

■ 因為結果不如預期或是準備得不夠充分而提供了過少的細節資訊。**這種狀況可能是準備資料的人不認為這是一件重要的事。**

以上這兩種狀況都可能造成嚴重的問題。

過多的資訊會讓使用者分心，沒有辦法將注意力放在重要的議題上。如果你面對的是超有份量的資料，無法在有限的時間內從中快速地抓到重點實在是一件非常令人懊惱的事。

太少的資訊對於使用者來說又是另外一件討厭的事！他們可能要用這些資料來做分析後向其他單位進行報告，但卻發現事實並不是這樣或是資訊根本就不夠用。你應該要知道，在資訊有限的情況下想要做出清楚的決定，是需要有假設作為前提的，這些假設通常會是最糟的狀況或是採取審慎的觀點。

準確並準時地提供使用者所要求的內容。如果做不到，在你被要求這樣做之前就用上面這些作為解釋的原因吧！

▌組合報表的變化

進化

　　好的組合管理報表應該隨著企業和經濟趨勢的需求變化而逐步成形並進步。

　　相較於高度發展的國際企業，前面所討論的某些細節對於新創公司來說是不太需要的。話雖如此，也有人建議建立良好的企業報告能快就不要慢！製作全面性的報表所需的時間就是新興企業在草創初期的大麻煩！身兼經理人的新創公司老闆為了要在市場中搶下一席之地，幾乎花掉所有時間，哪有餘力去管其他事情？

　　但在最近，會計科技意味著即使是相對小的企業也可以用電子系統製作出相當正確的管理報表，即使沒有完全正確，也不失為是每月營運狀況的有效參考指標。

革命

　　我曾擔任過不同公司的董事，看過形形色色的管理會計報表。在這段期間，我越來越清楚地理解企業很需要定期清掉所有東西接著趕快重新開始。知道需要做什麼應該是很直覺的反應，但事實往往不是如此。當所有人都使勁地要找出什麼是不適用的管理工具時，內容似乎比方法來得重要多了。

　　我通常不是擔任執行董事的角色。或許就是因此我得以用更為客觀的角度來檢視這些資訊，並根據看過的最佳實例提出改善建議。

　　如果你沒有類似這樣來自第三方的客觀建議，去看看別的公司怎麼做會是有用的方式。你可以透過朋友或業界的熟人，找到願意

在合作的基礎上分享資訊的人。重點是，試著誠實地接受有些方法就是行不通，著手讓有用的方法對你和需要這份報表的其他人產生功效。管理會計報表永遠不會是完全正確的，可能全盤皆錯，承認錯誤是讓一切上軌道的第一步。

▍誰來準備管理會計報表？

準備報表的人選依企業規模而定，大致上來說，報表的製作還是會落在財務部門的身上。

雖然財務團隊最可能是統整資料的單位，內容還是要仰賴不同的部門提供，因此所有的管理團隊最好是能夠了解這樣的狀況，並對財務部門所需要的截止期限了然於心，如此一來所有需要充分整合並以既定格式呈現的資訊才能如期完成。

財務部門不應該是孤軍奮戰，然而這樣的狀況卻十分常見。為了製作出有可信度又有用的報表，所有功能性的部門應該要協助資訊的傳遞。

對於財務部門以外的人來說，提供資訊的截止期限似乎有些煩人，或是不被重視。但所有的財務分析沒有辦法在缺少其他管理資訊的情況下完成，卻是不爭的事實！舉例來說，新進人員和離職員工資料和銷售代表的業績貢獻，是一定要給財務部門的，否則他們根本無法進行例行的作業，這樣一來，整個管理會計報表進度就會被拖累，導致所有的人都受到影響。管理會計報表常常是為了符合某個期限而製作，例如董事會的開會日期。

當資訊製作有期限壓力時：

a. 財務部門應該要就真實情況和其他部門進行溝通

b. 其他部門應該將這類型的資訊製作的優先順序往前挪

只有在這樣相當清楚的合作中，報表才可能趕在截止期限前如期完成！

▋管理會計報表現在和未來的用途與價值

現在價值

品質良好的管理會計報表，依照公司需求提出關鍵的重點，列出具有查核點的重要區域，不只容易閱讀，格式易懂，更竭盡所能地收錄最新的資訊。它讓使用者可以依此做出企業決策，採取必要行動，改善或最小化某個特殊狀況。超好的管理會計報表能夠幫助企業運作得更好，但它必須聚焦在幾個面向：

1. **企業文化因素**。每個企業的狀況都不相同，舉例來說，對於一間借很多錢的公司來說，管理會計報表應該要將重點放在營運利潤，討論這家公司是否有足夠的錢應付利息支出。

2. **企業結構**。也就是說，把觀眾列入考慮。他們在財務方面夠精明嗎？舉例來說，他們看圖表的時候，是不是看起來比給他們一整頁數字來得輕鬆些？

3. **即時性**。超過一個月的資訊大部分會變得越來越不重要，因為能夠採取行動和期待機會的時機點早就溜走了。

當然囉，沒有帶來行動的管理報表就失去了製作的意義！儘管如此，品質不錯且重點清晰的報表即使沒有變成管理工具，至少值得一試！

未來價值

　　管理報表對於第七章中討論到的預算流程有很大的幫助。歷史數據以及詳細的公司概況可以讓製作預算的人員更為準確地做判斷。

　　對於那些依據法律規定或是自己選擇要有查核報告的公司，良好的管理會計報表應該能：

1. 讓查核會計師的工作變得更輕鬆。因為問題應該早就被找到，並在年度中開始處理，而不是拖到年底。
2. 讓你有籌碼跟會計師談到較低的查核費用。因為你的查核會計師應該覺得你的報表很和藹可親。

　　對於最後想要把自己的公司賣掉的人，良好的管理會計報表還要具備第 3 項：協助盡職查核，緊密地追蹤企業價值的談判內容。這是因為在財務資料十分完整和內容適當時，通常不會發生價格減損的情形。

▍總結

　　雖然世界上沒有完美的管理會計報表，但仍有一些不錯的實作原則可供參考：

1. 讓報表符合使用者的需要
2. 讓報表準時出爐
3. 讓報表的呈現方式易懂又好用
4. 不斷地想怎麼樣可以讓它更好

還有，永遠不要忘記它與生俱來的短期和長期價值。

9

資本投資與投資評估

　　雖然非財務相關背景的人不太可能會直接參與資本投資評估的數學計算過程，但某些部分可能會需要他們的協助：資料蒐集工作、將向投資委員會或金融家簡報中某部分的純財務相關資料，轉換成公司的實際運作狀況。

　　了解計算過程不僅能幫助非財務背景出身的人預備合適的申請文件，更能協助他們進行商業簡報。

　　投資之前先評估投資機會是必要的。對很多公司來說，資金是很稀少的，因此每筆花費都需要謹慎思考。就期望的投資報酬率來說，至少要是手頭上資金的兩倍。徹底地評估各個選項是進行資金配置最可靠的方法。

　　這一章我們會討論：

- 你為什麼應該對投資進行評估？
- 你該怎麼進行評估？有哪些評估方法？
- 風險管理與辨別

▋為什麼需要評估流程？

- 資本支出通常包含了相當程度的資金投入，這些資金原本可以作為其他用途。
- 資金一綁就可能是好多年，如此一來就無法維持資金的流動性。
- 風險管理可以將風險降到最低，並減少維持企業績效的成本。

潛在的投資議題可能包含下列幾項：

1. 國際貨幣。投資評估委員會需要考慮，為了某個特殊企畫的貸款是不是有必要與其他貸款區隔開來？舉例來說，在歐洲進行的併購可能是來自於長期的歐元貸款，而不是使用以英鎊為單位的銀行透支資金。在這樣的狀況下，不僅是資金的總額，資金的特性也是需要評估的重點。

2. 計畫應該被單獨拿出來討論和評估：計畫是否可以只靠計畫本身的借款完成？（相關的例子：出租設備）還是它們應該要被視為所有的企業投資需求的一部分？

就某些程度而言，所有的商業決策都會有直覺的成份在。這可能會被當成是一種賭注，但就像所有的賭博一樣，有時候你可能贏了一大筆，但比較常見的狀況是輸的徹底！研究顯示，大部分的合併都無法成功地讓企業獲利，在交易入帳的前幾個月，獲利最多可能會減少到一半。許多藉由合併形成的公司，表現相較於同業平均水準來得差。

也就是說，所有的評估都應該要把下列這些考慮進去：

1. 如果要進行一樣投資，股東和投資人會期待在未來拿到的報酬超過原本投進去的資金，投資報酬率落在一個可接受

的範圍。

2. 適宜的投資金額剛好在對的時間，投進對的計畫中。

記得，投資太少或是投資的時間不對，跟過度投資一樣，都會對企業造成傷害。

透過董事會且能輕鬆達到的資本支出減低不可能是常態發生的狀況。股東傾向被將資金投入資本支出的企業吸引，這是因為資本支出會增加獲利，而這些獲利就是股利的來源。由此我們可以看出審慎的投資能夠為企業帶來進步。其中很關鍵的因素是投資評估流程的完整度。

之後，我們會討論以財務來評估一個投資項目的方式，但是，首先你應該要考慮的是計畫本身，以及它會對公司造成的影響是什麼。

▎計畫評估

就像任何的評估流程，從清楚地定義目標著手，是非常重要的。投資到底要達成怎樣的目標？以及，需要怎麼樣的流程才能夠產生所期待的最終成果？

即使我們都清楚自己的成本，仍很容易在計畫上花太多錢。能達成銷售目標的人比比皆是，能達到獲利目標的人卻相對地少，他們突破困難所需的時間也比較短。

從斷斷續續的需求轉變為全面的超支是很常見的。舉例來說，為了工廠產線買了一台新設備，最後卻變成買了一套完整的裝備！所以，記得不要過度求好心切！

重要的流程

專注並將下列這些必備的項目牢記在心：

1. 要有能預見所要求的成果的明確計畫。
2. 如果有任何較晚才新增的要求，重回到第一項進行思考，是否需要在簡報中增加什麼，並判斷必要與想要的差別。
3. 不要試圖改變你最初的目標，除非公司走向有很明顯的變動。

公司需求和計畫需求

從計畫本身的角度看起來合理且相關的投資不一定表示從公司標準來看也是如此。資金有限，需求多變，任何投資應該都要跟整體企業目標和公司的策略方向放在一起檢視，如此一來至少可以排出一些優先順序。

在規模大且多變的企業中，很可能同時進行多項投資計畫的評估，有些計畫甚至可能會有相似的目標。在做出最後決定之前，並非所有的計畫都會進入公司評估階段，最糟的狀況可能是提出的改善需求已經由其他計畫處理，而造成超支的狀況。

為了要讓這種資金管理失誤降至最低，你必須要記住下面的重點。

最佳化資本投資決策

用來解釋為什麼投資評估無法達成期待成果的原因有千百種。其中一個理由可能是缺乏財務面的詳細說明，雖然實際上因著分析

者不夠了解合適的技術或策略選項，而讓太多的財務細節成了掩蓋分析準確度的面具。

但是下面的幾個重點是絕對不能少的。

資本投資作業中的主要阻礙

1. 管理團隊不了解企業目標

想要把阻礙減到最低，你可以先問幾個非常簡單的問題：「這個投資可以增加達成我們公司目標的機率嗎？如果答案是肯定的話，要怎麼達成？什麼時候可以達成？」

2. 獲得期望成果的替代策略沒有全部被找出來

一個非常簡單的問題是：「修理跟買一個新的，結果是一樣的嗎？」

3. 使用不正確的方法來評估投資

就像你等一下會在這一章讀到的，分析計畫的方式有非常多種。有些在特定的情況下相對恰當。對一個想要確保投資需求的優先順序排在前面的經理人來說，採用更具說服力的正面理論基礎是滿有吸引力的，即使這可能是依據不合適的流程。也就是說，讓評估的結果吻合心中想要的結果。

4. 計畫執行

理論上可行的計畫評估，不一定總是可以在現實中實現。大部分是因為跟傳遞計畫人員的溝通出了問題，這些人可能很少或根本沒有參與評估跟開展的過程中。時間和支出的超額應該一直被列在投資分析的項目中。然而，對達成能力太過樂觀，以致於無法正確解釋難以避免的延誤卻是非常常見的狀況。

為了避免在資本支租計畫中不必要的失敗，請審慎思考下列事項：

1. 擁有清晰且清楚定義的目標，這些目標是顯而易見而且被妥善記錄。

2. 了解並確認投資觀點是長期還是短期：企業的政策是期待在最短時間內拿到投資帶來的高報酬（最短時間可能是幾個月或是幾年，依據不同的投資類型而定）或是他實際上是在做長期投資（超過五年）？

3. 詢問如果我們完全不執行這項投資會發生什麼事？或是，如果我們在下一階段進行這項投資會怎樣？

4. 分析並評估其他可能性

5. 是否使用了最正確的方法（稍後會在這一章說明）來評估投資？使用的假設條件是否有任何根據？

6. 清楚定義的基準和關鍵績效指標，可以用來確認計畫評估。也就是說，投資的利益能夠依據議定的標準來檢查。

7. 確認你全部的流程都有經過風險評估，並有應對風險的方法。

投資決策和評估流程的特性

不同的投資類型會有不同的考量重點——第一個要想的是，從投資來的利益是什麼？

投資利益

■ 節約

　　■ 人事成本

- ■ 其他營運成本
- ■ 因為改善／增強而來的收入利益
  - ■ 更多銷售收入
  - ■ 更有效率的系統
  - ■ 節省員工工作時間
- ■ 從賣出目前使用資產取得的現金
- ■ 無形利益
  - ■ 顧客滿意度
  - ■ 做出更好的決定

再來你要想的是投資類別。

類別

- ■ 資本支出
- ■ 收入支出
- ■ 營運資本支出

資本支出是為了取得固定資產或改善固定資產獲利能力而花費的支出。從資本支出來的利益通常不會馬上出現，而是需要一段時間才能看到。

收入支出是為了維持固定資產現有的獲利能力而花費的支出。例如說，用維修取代重新購買。這也包括了銷售和分配的費用、管理費用和財務手續費。

營運資金投資包含投資在資源裡的資金，例如：在賣出最終產品或服務後才能回本的存貨。

▌風險

　　風險在某種程度上就是一個視解釋方法而定的問題，是透過經過驗證的方法來分析。但在這之前，請先思考你可以承受的風險程度有多少。

　　一個有賺頭的計畫仍有可能因風險超出組織承受範圍而被打回票，但這僅僅代表這個計畫超過了目前組織的能力範圍，並不代表這個計畫以後不會有敗部復活的機會。企業需要再次進行分析，評估分段執行計畫的可能性，或引進合資夥伴的合宜性等問題。

▌方法

現金

　　在投資評估中，到頭來最要緊的就是現金。

　　現金有三種形式：

　　現金流入

　　現金流出

　　現金未流入或現金未流出

　　做計畫評估時，一定要硬著心腸鑑別現金的狀況。

現金流入

　　從銷售而來（正常的或意外的）

　　從處置而來──賣掉固定資產或是其他資產

現金流出

實際的現金支出——不是配給或是分配

現金未流入或現金未流出

這指的是避開現金流動或是機會成本。它們必須是相對於成本、非真實發生的儲蓄或收入來說，次佳的替代選擇。因此，如果為了生產一個獲利為 10 元的產品，會讓獲利 8 元的產品無法生產，這個流程的機會成本比流程本身的成本還要高 8 元。提升效率的作法僅僅在可以實際降低成本時才會產生現金。

舉例來說，如果為了節省場地費用而把總公司賣掉，省下的也只是租金。為現金清出空間的效果十分有限。

所有方法都必須使用敏感度來一再測試結果，這有助於風險的控管。

任何計畫提案中的所有數字都是易變的。例如，銷售數據毫無疑問地一定會變來變去。真正的費用可能無從得知並隨著時間有所變動。

為了要控管這些未知的項目，把下列的項目列入考慮：

- 找出所有可能發生的風險
- 量化它們可能對計畫造成的影響

舉例來說，簽訂遠期合約（在某個特定期間用約定的固定匯率買進）可以減輕承受國外匯率變動的問題。這樣做會讓專案的成本增加，但相對地卻把風險降低了。

未來的銷售狀況通常都存在著風險，但是，如果在專案開始之前，就先跟知名的大顧客約定好銷售數量和價格，就可以減輕風險。同樣地，這樣做會影響到專案的獲利能力，但卻能將風險降到一個可以接受的程度。

算術評估方法

在檢查特定的評估方法之前，你應該要先考慮投資的類型是什麼。這會關係到你要用哪種方法來分析特定的支出類型。常見的投資類型有四種：

- **維持**——像是替換掉老舊或過時的資產
- **獲利**——像是品質、生產力或是地點的改善
- **擴張**——新產品、新市場等等
- **間接**——社會福利設施

你應該知道，不是以賺錢為目的的專案計畫也應該要經過投資評估。投資評估基本上是達成計畫目標最好的方法。

用來進行投資評估的典型方式有：

- 回收期間
- 會計報酬率
- 淨現值
- 內部投資報酬率

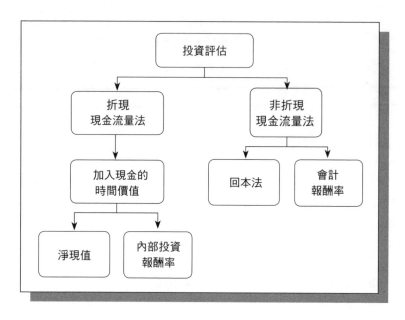

前兩項被稱為非折現現金流量法，後面兩項則是折現現金流量法。

非折現現金流量法

非折現現金流量法包含：

■ 回收期間

■ 會計報酬率

首先必須要想的是，你要拿回的是什麼「本」？

■ **相關成本**指的是因為做了決定而帶來的成本：

　　■ 機會成本

　　■ 變動成本，例如：營運資金成本

■ 混合成本，例如：訓練

■ **非相關成本：**

■ 沉沒成本

■ 既定成本

■ 任意投入的經常費用

■ 非現金流量相關的成本

回收期法

回收期法是計算從資本投資計畫賺進來的現金，要花多久時間才會等於投入的現金，或是每年的花費。

公司可能會設定某個長度的目標回收期間，並且把它當做是內部的目標。如果計畫無法在時間表內達成目標，這個資金計畫可能會喊卡。

但是，最先看到的可能會是間接的回收。這時候應該要使用其他的方法。

在這類的計算中，最要緊的就是現金。回收期法使用扣除折舊前的獲利來做計算，因為折舊對於現金沒有任何影響。

回收期法可不是一個傻瓜計算法。讓我們來看表 9.1 的例子。

表 9.1

	計畫 A	計畫 B
	（英鎊）	（英鎊）
資產的資金成本	60,000	60,000
折舊前獲利		
第一年	20,000	50,000
第二年	30,000	20,000
第三年	40,000	5,000
第四年	50,000	5,000
第五年	60,000	5,000

　　計畫 A 在第三年（第三年的第一季）回本。計畫 B 則是在第二年一半時就已經回本。單獨使用回收期法來看，計畫 B 會是比較好的選擇。但是計畫 A 的總報酬是 200,000 元，比總報酬只有 85,000 元的計畫 B 高太多了。

　　回收期間是所有工具裡面最簡單的一個。你要問的只是這個計畫要多久才能回本。向非財務人士解釋起來也很簡單。這個工具的缺點是，它忽略了整個計畫期間的總計獲利，也沒有考慮到現金的時間價值。但總結來說，從排名的角度來看，最好的計畫還是回收期間最短的那個。

回收期法的優點

- 很容易計算和理解
- 是一種衡量風險的方法，回收越快風險越低
- 在公司面臨到流動性限制時，這是一個排名計畫的有效方法

- 在未來的現金流很難預測時很好用
- 採用的是客觀的現金流量數字，而不是主觀的會計獲利

回收期法的缺點

- 忽略了現金的時間價值
- 沒有計入投資報酬
- 忽略了回收之後發生的現金流量
- 沒有辦法區別回收期間相同的計畫
- 必須要跟其他方法搭配使用才能看出比較完整的結果
- 任何中斷回收期間的選擇都是出於任意的決定

回收期法的運用

目前在世界上有實際使用記錄的所有方法裡面，回收期法是最常被使用的一個！它很常被使用的兩個主要原因是：

- 它是目前存在的方法中最簡單的一個
- 它扮演了風險代理人的角色

第一個原因很明顯，不需要多做解釋。第二個原因的意思是，幾乎所有人都會逃避風險——他們不喜歡冒險，因此，他們偏好將風險降到最低，或是把風險全部抵銷掉。

會計報酬率

會計報酬率說明了平均的會計獲利相對於資本費用的百分比。資本費用（會計報酬率公式中的分母）使用的可以是一開始的投資數據，也可以是整個計畫中的平均投資金額。

做決定的規則就是選擇會計報酬率高於可以接受最小值的那個計畫。會計報酬率越大，你更應該要選它！

公式

　　會計報酬率評估的是計畫或是資本支出應該要達到的會計報酬率。如果它超出了目標的報酬率，那這個計畫就是值得接受的。

　　計算會計報酬率有兩種方式：

　　會計報酬率＝平均每年會計獲利 ÷ 期初投資 ×100%

　　會計報酬率＝平均每年會計獲利 ÷ 平均投資 ×100%

　　平均投資的算法是把期初投資和期末或剩餘的金額加起來除以二。

　　注意，這個方法忽略了現金流量，只考慮了獲利。

使用期初投資的範例

　　假設資本支出是 110,000 元。計畫是這樣的，在未來五年，每年要賺到的折舊前獲利是 24,000 元。在第五年尾聲計算出來的剩餘價值是 10,000 元。

$$平均獲利 = (折舊前獲利 - 折舊) \div 5$$
$$= [(24,000 \times 5) - (110,000 - 10,000)] \div 5$$
$$= 4,000 \text{ 每年}$$
$$會計報酬率 = 4,000 \div 110,000 \times 100\% = 3.6\%$$

會計報酬率的優點

- ■ 計算簡單，容易使用，很好了解
- ■ 廣泛地被認為是一個可靠的方法
- ■ 從拿得到的會計資料就可以計算出來
- ■ 可看出投資怎麼影響公司的獲利

會計報酬率的缺點

- 沒有考慮到計畫的執行期間
- 沒有考慮到現金流量的發生時機
- 採用主觀的會計獲利，而不是客觀的現金流量

折現

折現從未來價值的概念開始（在未來的某個日期，應該收到或支付出去的金錢總額），把未來價值轉換成現在的價值，也就是未來的現金約當物在現在價值多少。

舉例來說，如果公司希望有 10％的投資報酬率，他現在需要投入多少才能獲得下面這些投資金額呢？

a　投資在一年後變成 11,000

b　投資在兩年後變成 12,100

c　投資在三年後變成 13,310

三個問題的答案都是 10,000。我們可以用折現來計算。

計算未來現金總額（V）在 n 期期末的現在價值（X）的公式：

$X=V/(1+r)n$

a　一年後，$11,000 / 1.1 = 10,000$

b　兩年後，$12,100 / (1.1)^2 = 10,000$

c　三年後，$13,310 / (1.1)^3 = 10,000$

藉由折現的概念，現金流量的時間點被納入考慮。使用折現讓每一塊錢的現金流越早發生，價值越大。一年後賺到的一塊錢，會比兩年後賺到的一塊錢更值錢；兩年後賺到的一塊錢，又會比五年

後賺到的一塊錢更值錢，以此類推。

計算現值時所使用的折現率，和公司的利率（或是資金成本）
有關。

折現因子

在上面的計算中，我們透過實際地乘以折現因子，把每個現金
流轉換成它的現值。折現因子的算法是 $1 / (1 + r)$。

算法就像下面這樣：

	乘上折現因子 10%	現值（英鎊）
一年後，11,000	X1 / 1.1	10,000
二年後，12,100	X1 / $(1.1)^2$	10,000
三年後，13,310	X1 / $(1.1)^3$	10,000

現金流的時間點：折現現金流量法中的使用慣例

折現把未來的現金流量價值降低，變為目前相對應的價值，所
以要清楚地考量現金流量發生的時間點。下面的指導方針是可能採
用的基本原則。

■ 投資計畫剛開始（也就是「現在」）的現金花費，發生在
第 0 期。在第 0 期，一塊錢的現值就是一塊錢，不論折現
率 r 是多少。

■ 在一段時間歷程中所發生的現金流都會被假設是在這段
時間的最後一刻（一年的最後）發生。在第一期收到的
10,000 元，會記為在第一期的期末收到。

■ 在這一期的期初發生的現金流被視為發生在前一期的末。
因此,在第二期期初產生的現金費用5,000元會被當做是
在第一期期末發生。

折現現金流法

折現現金流法包含了兩種方法:

■ 淨現值
■ 內部投資報酬率

淨現值法

淨現值法是一個很重要的評估方法。它認可了有正淨現值的計
畫。淨現值的計算方式是,藉由選定的報酬目標或是資金成本,把
所有的現金流和資本投資計畫的資金流入轉換成現值。

折現現金流法被用來計算一連串現金流的淨現值,像是評估一
旦計畫被採納,股東的現有財富會產生怎樣的變化。

淨現值=現金流入的現值減掉現金流出的現值

■ 如果**淨現值大於零**,這代表這個計畫帶來的現金流入會產
生超出資金成本的報酬,如果資金成本就是組織的目標報
酬率,這個計畫就應該要被執行。

■ 如果**淨現值小於零**,這代表這個計畫帶來的現金流入會產
生低於資金成本的報酬,如果資金成本就是組織的目標報
酬率,這個計畫就不應該被執行。

■ 如果**淨現值等於零**,這代表這個計畫帶來的現金流入會等
於資金成本的報酬,如果資金成本就是組織的目標報酬率,

　　這個計畫不會對股東的財務造成什麼影響，因為任何計畫都有隱含的風險，這個計畫可能沒有執行的價值。

　　資金成本就是公司取得資金的成本，或是投資人把資金投入公司後，期待拿到的報酬。因此，公司應該要從它的投資中拿回最低限度的報酬。

　　淨現值法背後的概念是它把透過資產形成的現金流轉回到現在的日期，因此，淨現值法把現金的時間價值考慮進去了。請參考表 9.2 的範例。

表 9.2 淨現值的計算

年度	現金流 英鎊	折現因子 15%	現值 英鎊
0	-25,000	1.0000	-25,000.00
1	20,000	0.8696	17,392.00
2	25,000	0.7561	18,902.50
3	12,500	0.6575	8,218.75
4	9,000	0.5718	5,146.20
淨現值			24,659.45

　　在這個例子中，我們假設剩餘價值為 0。

淨現值法的優點

- 能與股東價值最大化的目標相連結，用合理的折現方式來衡量現在（也就是第一年）執行計畫所帶來的影響。
- 能夠正確計算現金的時間價值。

- 它考慮到所有相關的現金流量，因此不會受到會計政策的影響。以獲利為目的的投資評估方法，像是會計報酬率，就常常會被會計政策混淆。
- 公司折現日期的更動可能會因此讓決策過程中產生風險。
- 提供了清楚的決策方向，也就是說，如果淨現值是正的，計畫就可行；如果淨現值為負，那就只好跟計畫說掰掰啦！

內部投資報酬率

- 內部投資報酬率是使用折現現金流量法的計畫預期達成的投資報酬率。它相當於淨現值等於零時的折現率。
- 如果內部投資報酬率超過目標的投資報酬率，這個計畫就值得一試。

內部投資報酬率是投資計畫承諾在整個計畫執行期間所獲得的報酬率。內部投資報酬率的計算方法是，找到計畫現金流出的現值等於現金流入的現值的折現率。也就是說，內部投資報酬率就是計畫淨現值等於零的折現率。

例子

某公司考慮用 16,950 元購買一個預計可以使用 10 年的機器設備。在它的使用壽命結束時，它只會剩下少得可憐的價值，這個金額通常可以忽略不看。這設備的工作速度比原有的舊設備快很多，每年可以省下 3,000 元的勞力支出。

為了計算這個設備可以帶來的內部投資報酬率，你必須找到讓這個購買計畫的淨現值等於零時的折現率。

當每年的淨現金流入都一樣時，最簡單且直接的方法，就是把

計畫中的投資金額除以每年預計的現金流入。你會因此得到內部投資報酬率因子。

公式如下：

$$內部投資報酬率因子＝投資需求 ÷ 每年淨現金流入$$
$$= 16950 ÷ 3000 = 5.65$$

這個數字就是現在進行 16,950 元的投資，會帶來一連串 3,000 元現金流入的折現因子。

期初成本	16,500 元
計畫期間（年）	10
每年節省成本	3,000 元
剩餘價值	0 元

項目	年度	現金流量金額	12%（每年的折現率）因子	現金流量的現值
期初投資	1~10	3,000 元	5.65	16,950 元
每年節省成本	現在	（16,950 元）	1,000	（16,950 元）
淨現值				0 元

例子中用 12％的折現率讓每年現金流入的現值等於計畫中所需投資金額的現值，使得最後的淨現值等於 0。這個 12％的比率因此就是這個計畫承諾的內部投資報酬率。

內部投資報酬率的優點

- ■ 考量了現金的時間價值
- ■ 根據的是客觀的現金流量，而不是主觀的獲利
- ■ 考慮到了現金流量的產生時間
- ■ 是一個被普遍接受的方法
- ■ 跟投資報酬比率一樣容易了解

內部投資報酬率的缺點

- ■ 沒有標明投資的規模大小
- ■ 可能會讓分別獨立的計畫出現矛盾
- ■ 假設整個投資期間的收入會重以同樣的投資報酬率再次進行投資
- ■ 淨現值的計算比內部投資報酬率簡單多了

　　但是，內部投資報酬率的最大缺點是它相當複雜，除非經理人具備充分的財務訓練，否則要向他們說明這個概念是滿困難的。

▌其他注意事項

　　在完成評估之前，思考一下下面的問題。

通貨膨脹

　　是否應該把通貨膨脹考慮進去？

- ■ 實際現金流量指的是不考慮通貨膨脹影響的現金流量。

■ 貨幣現金流量是沒有將通貨膨脹影響除去的現金流量。它們
　是實際發生的現金流量（實際上收到或是付出去的現金）。
　什麼時候應該用實際利率，什麼時候應該用貨幣利率？如果
採用的是實際現金流量，那麼投資報酬率就一定是實際的投資報酬
率，也就是說，這個報酬率已經把通貨膨脹拿掉了。如果使用的是
貨幣現金流量，那麼投資報酬率就一定是貨幣的投資報酬率，也就
是說，這個報酬率包含了通貨膨脹的因素。

貨幣投資報酬率有時候也叫做名目利率。

使用通貨膨脹的優點和缺點

把通貨膨脹放在評估的考量中的優點在於，預估價格會上升是
比較符合實際的作法。

它的缺點是，通貨膨脹率非常難以預測。

稅金

公司組織都需要繳稅。執行計畫有可能會讓每年應該要繳的稅
增加或減少。這些增加的稅金現金流，都應該要包含在計畫的現金
流量計算中，這樣才能計算出計畫的淨現值。

稅金可能會影響貼現現金流量法的計算。你必須把資產抵減津
貼算進去，但是你很難知道稅收的減免會在什麼時間點發生。

風險和不確定性

我們在這章的一開頭討論的評估流程，和風險管理有很大的關

係。所以，你必須考慮風險和不確定性之間的差異。

■ **風險**是用在可能有多種不同結果的情況下。根據過去的相關經驗，歸納出各種結果可能發生的機率。

■ **不確定性**也是用在可能有多種不同結果的情況下，但是卻沒有太多過去的相關經驗，可以用來預測各種結果可能發生的機率。

要把這些都考慮進去，所有的計畫都應該要包含敏感度分析。

敏感度分析

敏感度分析是在評估，當計算中所使用的變數有所改變時，計畫會產生什麼樣的反應。這項分析的執行方式，就是不斷地問「如果⋯會怎樣」的問題。舉例來說，如果：

■ 售價上升或下降

■ 銷售量上升或下降

■ 資金成本變得難以負擔或是根本無法取得資本

■ 最初的建置成本比原本預估的還要高

這些問題都應該被當作評估考量的一部分。

最後，你還是必須做出決定。即使這一章提供給你考量投資時所需的充足資料，最終的決定權還是掌握在人的手上。但在大部分的狀況下，這些資料通常都是事後諸葛的角色，告訴我們如果我們當時做了對的決定現在會是怎麼樣。

10

健康檢查及
關鍵績效指標

▌企業的健康檢查

你可能被逼著去做健康檢查，也可能是自己選擇要做。對企業來說也是如此。

不論是哪一種狀況，定期地（可能是以年度為單位）檢查企業或是部門的表現是否達到預定的里程碑是很棒的習慣。實際的理由很多，在這章中將會陸續討論到，但有一個重要的原因是健康檢查能讓你專注在企業本身，而不會讓企業裡的工作，佔據你全部的精力。

企業健康檢查和關鍵績效指標做為企業必備的工具已行之有年。任何企業健康檢查的實際核心價值在於依據之前預設的理想標準評估公司的表現。

像這樣的調查評估和分析已被廣泛地運用，並有一系列針對各種情況的改善或修正方法可供參考。健康檢查可以是不定期的，但能不間斷地系統化進行會更好，這樣一來，透過監控，任何健康疑

慮可以在惡化或轉為致命傷前就被揪出來。

　　這章將看到各種替企業進行健康檢查的方式，它們帶來的成效以及可能產生的問題，並讓你們可以深入理解其中的重要成功因素和需要密切注意的關鍵績效指標。用對了分析工具，你就能確定企業的潛在問題可以在完全合你心意的情況下被化解。

　　雖然企業健康檢查可能包含了看起來跟財務一點關係都沒有的項目，像是員工流動率、員工士氣，看起來都不帶有明顯的財務意涵。但是，一旦員工士氣低落，緊接帶來的會是人力招募的成本和人力短缺的損失。所以，千萬不要忽略這種看起來和財務無關的指標，要將思考範圍延伸拉廣。

企業健康檢查定義

　　企業健康檢查針對企業整體或是其中特定領域所涉及的重要流程進行強烈且快速的評估回顧。它的主要目的是要找出提升企業效率和效益的機會點。

為什麼要這麼麻煩？

　　當你整個人深陷於工作裡，要叫你抽離，退一步好好看看究竟發生了什麼事是很困難的。

- 你開始變得沒有效率，錯失機會。
- 你繼續做這些事情不是因為它們正確，而是「我們總是這樣做」。
- 你變得有些感情用事，被每天的例行公事困住，沒有辦法

做出客觀有效的企業決策。

■ 最後圍繞你身邊的可能都是 yes men 跟 yes women，他們不會提出任何跟企業有關的點子、建議或是回饋，當然也不會告訴你，對於你經營企業的想法。

■ 你可能開始覺得自己陷入困境，感到不知所措，壓力很大，即使實際上一切都進行地十分順利。

在健康檢查中的重要元素包括報告的範圍、議題的評估、行動的描述，以及結果的反饋。

企業健康檢查包含哪些項目

一般來說，企業健康檢查包含：

■ 企業策略和競爭力定位——你如何競爭、做出差異化讓自己在現今高度競爭的市場中脫穎而出

■ 包含既有市場、新興市場和未開發市場的銷售活動

■ 營運和人力——你的流程夠有效率、夠健全嗎？你是否具有足夠的能力、結構和流程去實現你的計畫？

■ 企業發展——你要怎麼獲得新顧客？你要怎麼抓住老顧客？你鎖定的對象正確嗎？

■ 行銷企畫——你怎麼引起目標市場對你公司的注意呢？你是否已有有效的利潤成長計畫？

■ 公司財務——你公司財務運作是否有效率？你是否有足夠的資金和現金來執行你的計畫？

■ 流程效率

■ 資源的運用、成本與浪費

■ 供應鏈和採購評估

■ 系統、政策和程序

■ 收入、支出、損益表、資產負債表、現金流量表

■ 員工技能、訓練和發展

■ 法規——你的企業是否依循法律規範？

■ 文化——你的企業文化是什麼？它能幫助你成長嗎？

這份報告接著分別列出需要完成的事項和操作方法，提供目標達成計畫和最經濟實惠的解決方案。

這份報告的內容因公司而異，通常包含部分下面列出的項目：

■ 顧客／廠商滿意度調查

■ 員工調查

■ 董事會效率評估

■ 年度員工評比

■ 服務對象調查

■ 基準評價

報告與回饋

一份報告涵蓋了企業的關鍵議題。目前的狀況是怎麼樣？修正的機會是什麼？建議的潛在改善方法是什麼？這份報告接著提供評價中的發現、確立目標設定並優先執行的先後次序計畫，並設計出執行計畫的要點。就像圖 10.1 所呈現的，要把它當成是一個持續循環的流程。

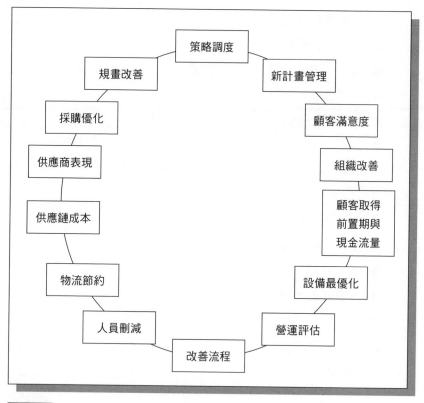

圖 10.1

外部環境

　　一份好的企業評估不僅針對企業內部做檢視，侷限於企業內部等於是略過影響企業營運表現範疇更廣的面向不看。檢視企業外部的各個層面、特性、趨勢和議題可是和企業內部評估同等重要。

　　思考下面列出的外部力量，它們都是健康檢查中的重要層面：

- 競爭（直接和間接）
- 產業發展

■ 科技變異

■ 國內整體商業環境，以及國際商業環境（若適用的話）

你應該針對這些領域中每一項的現況、趨勢和對於企業可能造成的影響深入討論。完成了上述的討論，你可以繼續從每個議題的討論中判定這是機會還是威脅，並評估它的重要性。

簡單的健康檢查流程範例

第一階段：評估

健康檢查用支持與非評斷性的方式來衡量企業表現，參與評估的人可能會被要求完成一份問卷，這份問卷是健康檢查的基礎。問卷最好是採用匿名。

第二階段：統合和數據解析

問卷一旦完成，資料就會進行評估，並產生一份報告。一份包含說明圖表的報告，標出了健康和需要改善的部分，因此更容易被使用者接受，也更容易理解。

第三階段：規畫會議

呈現評估結果的報告和說明圖表需要交由董事會或是管理團隊審閱，以此協議出改善的執行計畫。

如果目的是要針對不同部門採取相關改善行動，將報告中的營運部分獨立來看是個很不錯的方式。

報告中可能出現的特殊要素

財務
企業議題

- 企業營運表現
- 現金水位和信用等級狀況
- 存貨水準和貨款
- 毛利
- 人事布局
- 資本支出

現金流管理

- 企業預測
- 貨款
- 銀行貸款
- 透支
- 獲利改善
- 資本支出
- 現金募集

稅務

- 節稅方法
- 股利支付與報酬策略
- 納稅依從度與風險
- 資產保護

■ 遞延稅金管理

未來願景

■ 戰略規畫
■ B 計畫
■ 併購機會
■ 持續成長

人力

出缺勤

■ 最近 12 個月來的請假天數？
■ 是否有出缺勤管理政策及流程？
■ 你是否知道持續且未經核可的缺勤會讓你的企業損失多少？

績效表現低落

■ 你所有員工大部分時候的績效表現是在可接受的水準之上嗎？
■ 你是否提供新進人員完整的企業及工作職務入門訓練？

裁員／解雇

■ 你在最近兩年是否曾經進行裁員？
■ 你是否清楚自己符合最低的法定解雇要求？

抱怨與人員穩定度

■ 在最近的六個月裡是否有任何員工提出辭呈？

- 你的經理曾經受過面試的訓練嗎？
- 你是否對於自己正在使用的面試問題有信心？你是否有評估面試表現的模組？
- 在最近的六個月裡，大約有多少員工離開你的公司？
- 你公司雇用了多少員工？

健康與安全

- 你的健康與安全政策宣言夠新嗎？
- 你的健康與安全手冊夠新嗎？
- 你是否有進行任何種類的危險評估？
- 你是否提供你的員工基礎的健康與安全意識訓練？

更詳細的方法與流程，你可以參考第 217 頁的健康檢查問題清單。附錄 E 提供了簡易的健康檢查報告格式。

什麼時候要做健康檢查？

健康檢查至少每年都要做一次。然而，當有一些特別的徵兆出現時，則建議採取較具前瞻性的方式。

雖然企業可能會在一夕之間垮台，但這終究還是少數案例。通常會有很多警告訊號可以讓你參考，在發生前就察覺到情況不對。

典型的危機源頭可以追溯到實際發生的兩到三年前，這就是最初的問題開始浮出水面的時候。在許多情形中，最傑出的管理就是出自於否決，這有賴於理性分析及針對企業成功關鍵議題快速提供解決方案的能力。

雖然這份表可以廣泛地應用在大部分的企業中，但每個公司和產業都會有獨特的早期警告訊號。

早期警告訊號

1. 銷售

- ■ 三個月以上的銷售達成率是否遠低於銷售預測，甚至低於前一個年度？
- ■ 成長速度是否低於同業？
- ■ 你是否為了要支付營運費用而提高了銷售預測？
- ■ 在產業定價策略中是否出現負面的趨勢？
- ■ 在過去兩年你的企業的市佔率是否逐漸降低？
- ■ 業務人員是否投入於為遇到問題的顧客提供服務？

2. 成本

- ■ 毛利率是否連續三個月衰退？
- ■ 薪資是否高於產業基準？
- ■ 實際成本是否連三個月超過預估？
- ■ 公司是否需要更好的現金流量監控？
- ■ 公司是否需要更好的資本支出控制？
- ■ 資本計畫是否低於預期收入成長或是規畫的成本削減？

3. 財務

- ■ 超過六十天的應收帳款（天數根據付款條件會有不同）在過去三個月是否增加了？
- ■ 流動比率是否低於標準業界基準？

- 當有現金節約需求產生時，是否仍有不重要的現金支出？
- 如果企業擴張，容不容易募集或借到支持企業成長的營運資金？
- 過去一年你的企業是否有存貨降低的問題？
- 公司是否能夠於銷售衰退時降低存貨水準？

4. 產業

- 你所處的市場或產業是否正在縮小或合併？
- 你所處的市場或產業是否明顯地受景氣循環或是季節轉換影響？
- 在你所處的市場中是否有大批的競爭者？
- 國外的競爭者是否有增加的趨勢？

5. 管理

- 優秀的經理人是否提出改善團隊合作的需求？
- 過去幾年公司是否有大幅的企業文化改變？
- 經理人是否清楚地了解公司的計畫、專案、預算以及自己需對工作成效負的權責？
- 公司內部是否需要更良好的溝通模式？
- 員工曠職的狀況是否增加？
- 過去一年公司內是否曾實行正式的裁員計畫？
- 過去一年管理高層是否曾至少訪視所有重要據點一次？

一些非常嚴重的警告訊號

1. 公司沒有定價流程文件

2. 公司用來定價的實際資料僅有成本一項

3. 公司不知道顧客的實際的願付價格是多少

4. 公司的業務人員沒有接受過價格談判的訓練

5. 公司的業務人員擁有過多的折扣空間

6. 公司沒有依據顧客的決策行為做市場分隔

7. 公司用市場定位來衡量自己的定價

▍產出

衡量表現和設定目標

　　一旦你得到企業或是部門的診斷報告，下一步就是設定目標，讓執行計畫趕快就定位，這時你唯一需要的就是關鍵績效指標。

▍關鍵績效指標的選擇與使用

關於關鍵績效指標（KPI）

　　關鍵績效指標是呈現商業智慧的重要方式。也被稱為狀態指標或是計分卡的關鍵績效指標，依據企業目標評估企業數據資料，用簡單易懂的圖表指標將企業目前的狀態呈現出來。

　　關鍵績效指標可以提高評估企業重點目標發展時的速度與效率。如果沒有關鍵績效指標，員工和企業經理人必須要忍受擷取各

項營運數據的痛苦，進行目標達成檢視，之後還要花時間將數據整理成不同的報告給企業決策者。

選擇正確的關鍵績效指標並有效地運用它們可以幫助你改善企業營運表現。

選擇關鍵績效指標

■ 將它們和你的企業最高目標做連結
■ 讓它們跟商業環境中你能掌控的面向有所關聯

準確地設定關鍵績效指標，除了可以讓所有的員工清楚了解目標，連帶地明白自己和整個組織的成功息息相關。內部的公告與持續不斷的耳提面命可以強化員工與公司之間的共享價值並創造一致的目標。

關鍵績效指標將企業與不同的資源串連在一起。

關鍵績效指標的主要組成

一個好的關鍵績效指標最重要的是能夠增加競爭優勢，為企業打造成功要件或是打破失敗關鍵。這就像在爐子上調大或調小瓦斯代表著你是要開始還是結束烹飪。

關鍵績效指標很容易受到組織影響，因此只有在與成效連結時才能準確地被衡量與量化。如果你無法做到，這就不是合適的關鍵指標。

有些關鍵績效指標提供未來成效的資訊；有些則只能針對歷史目的提供價值。例如：應收帳款天數、應付帳款天數，然而，這些

數據仍舊可以作為未來計畫的參考。

關鍵績效指標不能單獨執行。你無法在不了解可能發生的狀況下設定關鍵績效指標，所以我們應該有能力依據市場狀況及競爭者的成果來設定關鍵績效指標的上下限（如果沒有競爭者，可以參考一些類似的組織，或是依據你本身實際的預算和目標調整）。也就是說，因為關鍵績效指標將目前表現狀況與企業處境做結合──不論是新創事業還是老牌公司，了解衡量基準才能讓關鍵績效指標精確且有效。

一些你需要評估與監控的例子
行政管理

- 時間記錄
- 健康與安全事件
- 時間管理
- 成本降低
- 壓力層級
- 環境控制
- 員工建議
- 教育訓練

財務

- 現金流向
- 損益狀況
- 資產負債表動向
- 發票金額

■ 信用管理和收款天數

行銷

　■ 市場調查活動
　■ 市場規模增加與減少
　■ 顧客轉換增加與減少
　■ 顧客滿意程度／抱怨意見

生產／物流／服務交付

　■ 供應商交貨時間
　■ 供應鏈費用
　■ 即期存貨水位
　■ 賣方評等
　■ 服務滿意度

人員

　■ 超時加班
　■ 分紅標準
　■ 訓練需求分析
　■ 人力異動記錄

產品／服務開發

　■ 供應商費用

應變計畫

■ 成功和失敗

■ 獲取的經驗

整個流程總歸一句話：**確定現況成效、衡量基準與目標層級！**

也就是說，每個監控模組都是採用可衡量、可理解的方式確定目前所在的階段。接著依據對於產業的了解設定衡量基準，鎖定你希望達成的目標水準。

請參考表 10.1 的例子。

表 10.1 財務關鍵績效指標

	現況	基準	目標
毛利率	68	52	60
資本報酬率	13	10	11
息稅折舊及攤銷前盈餘率	0.2	N/A	6
利息保障倍數	2.3	3.7	3
應收帳款天數	102	95	80
應付帳款天數	60	63	55
存貨周轉率倍數	5	4	4

小心！不要什麼都要量！這可能會讓你的目標失效，讓你無法專注在最核心的標準上。

關鍵績效指標專案控管要素

關鍵績效指標要有效，不但要設定目標數量與價值，更要列出達成這些要求的時程表。請參考表 10.2 的例子。

表 10.2 時程表

計畫	期限
應收帳款天數	2012 年 8 月
利息保障倍數	2012 年 9 月
毛利	2013 年 8 月
存貨周轉率	2013 年 9 月

如何編排、展開並掌握關鍵

不同的個人和組織認為的重要資訊不盡相同，因此沒有一份準則能說明到底什麼是關鍵績效指標。這會依照做出決策所需的資訊而定，根據公司發展的不同階段有相當大的差距。新創事業重視的項目應該和老牌公司有所差別。

但是不論你的企業在哪一個階段，關鍵績效指標是非常有價值的，它們可以回答下面這些重要的規畫性問題：

■ 我們的處境為何？

■ 我們想要達到什麼？

■ 我們想要什麼時候達到？

■ 我們怎麼樣用最少的花費達到？

診斷的下一步：行動

如果你在得知結果後不採取行動，健康檢查根本沒有用！所需的行動會依照診斷說明決定，但不論結果如何，都有一些不錯的方法可以提升你的企業。

- **用積極的態度開始新的年度**

  不論過去如何，現在不就是對嶄新一年／一個月／一季的前景感到興奮的時刻嗎？列出對於新產品線的想法或是你要想推行的新專案。寫下如何擴張和激勵你企業的新點子！

- **把營運計畫上的灰塵撢掉！**

  檢視、檢視、再檢視你的營運企畫！翻出你的營運企畫，寫下更新版！

- **重新燃起顧客對你的愛火**

  行銷和廣告是獲得更多顧客的重要方法。但品質、服務和顧客滿意度才是把他們一直留在身邊的長久之計。

- **重新評估你的定價**

- **痛下決心改善你的弱點**

- **開始分析你的企業績效表現**

  設定一些標準並定期地檢視你企業的表現。在你開始改善前，你必須知道自己該改進什麼。

- **發掘新市場或是增加市場佔有率**

- **問對的問題**

  為什麼會發生這個問題？

  我們企業的目標是什麼？

  我們付出什麼代價才能達到我們期望的成果？

資料數據的來源是什麼？我們知道要怎麼取得它們嗎？
誰能夠肩負讓這些計畫確實執行的責任？他們知道該做些
什麼嗎？

■ 採用對的方法

一個良好的管理系統應該要包含「結果矩陣」和「過程矩
陣」間取得最佳平衡的解決方案。結果矩陣評估產出的品
質，過程矩陣則是協助預測產出的過程。結果矩陣扮演的
是領先指標；想當然耳，過程矩陣就是落後指標。

■ 增進成長動能

世界上沒有現成的改善方法！不要設下不切實際的時間
表，它們只會帶來改變的假象，無法創造可以持續不斷進
取向前的理想動力。

▎如何加強企業的品質？

■ **學習傾聽消費者的聲音**——詢問可以怎麼幫助他們。

■ **將每個抱怨的聲音視為一個改進的機會。**

■ **塑造一個鼓勵且認同良好服務的環境。**

■ **每週舉行有趣的員工會議討論良好服務需要的條件。**

■ **讓員工覺得自己是邁向成功的重要推手。**

■ **樹立領導典範**——尊重公司裡面各階層的每個人。

■ **定期做一些改變工作環境的事情**——不要忽略每一件小
事，它們背後的涵意可不小。員工快樂顧客才會開心。

■ **給員工一個帶著感恩和微笑來上班的理由**——確定你有用
合理的薪資向員工表達你對他們的在意。

七個改善你企業的聰明小撇步

1. 找到對的人幫忙。

2. 知道什麼時候要投降——如果做太多白工，對於專案真的
   沒有熱情了，那就盡快退出吧！

3. 標準化你的流程。

4. 評估你的流程——如果你不評估你正在做的事情，你不可
   能會知道自己到底有沒有進步。

5. 錢——這個流程會替你賺多少錢？這個流程需要花多少錢？

6. 時間——你需要花多少時間才能完成？

7. 小工具——你創造了多少小工具？你打了多少通電話？你
   寫了多少篇部落格文章？

最後，

■ **把你的實際成果跟預期成效做比較。**

「能衡量的，你才能夠管理」，所以必須要有非常確實的企業
改善流程。

企業的變化從不間斷。了解你和你的企業在特定時間點所處的
位置是你唯一能期許自己跟上潮流變化的方式，因此企業健康檢查
和後續的行動是你讓企業變得更好的最可行辦法。

▌健康檢查問題清單

組織和員工

1. 包含現在和未來經營管理的組織圖

2. 討論任何需要填補或是剔除的管理職位

3. 依照功能和地區列出現在和未來員工詳細清單，清單上包含：

報酬（底薪、分紅、股份或其他類似獎勵方案）

關鍵員工的人事資料

紅利／報酬計畫

標準合約和其他相關變更文件的副本

4. 資深管理階層的競業禁止條款

5. 福利計畫副本

6. 事／病假政策

7. 員工手冊

8. 遣散條款

9. 勞動／員工關係和工會議題（如果有的話）的相關討論

10. 是否聘請顧問或是雇用臨時員工的相關討論

11. 管理團隊是否能夠肩負公司營運和成長的重責大任？如果他們要離開，競業禁止條款的架構是什麼？

合夥

1. 股份持有明細

2. 所有辦公室清單

3. 過去六個月來的董事會會議紀錄

4. 合資和合夥協議

5. 分配和授權協議

6. 其他重要合約

保險

1. 現在與未來的保險政策（財產保險和綜合保險，董監事及重要職員責任保險等等）

財產

1. 租賃或有其他用途的所有財產與價值清單
2. 個人和公司的相關費用

智慧財產

1. 版權、商標、服務標誌、專利

重要訴訟

1. 與任何執行董事或主管有關的訴訟檔案（破產、犯罪、安全、稅務）
2. 任何重要訴訟或爭議的相關檔案（近五年內和仍在審之案件）

稅務

1. 退稅文件（最近三年內）
2. 討論任何併購、商譽取得或攤銷的可能性
3. 是否有任何當年度或是拖欠稅務機關的稅金？

損益和現金流量資料

1. 年度損益表（過去三年的歷史資料，未來三年的預估計畫）
2. 每季損益表（過去三年的歷史資料）

3. 從顧客、產品、服務和區域的面向檢視損益表和現金流量

4. 從顧客、產品、服務和區域為維度的費用和毛利分析

5. 資本支出計畫（現在和未來）

6. 研發花費細項

7. 至少準備未來兩年的每季現金流量計畫

8. 討論毛利變化趨勢

9. 討論軟體資本化和攤銷的政策

10. 討論銷售前導管理系統和商品供應鏈分析

11. 討論滯銷品、未結帳的收入、一般收入的狀況，計算出已賣出和待出售佔未來每季收入的比例

12. 列出一個具代表性的顧客於過去兩年期間帶來的收入流量

13. 列出過去兩年具代表性的獲利商品帶來的收入流量

14. 顧客集中在哪個領域？前十大顧客是誰？他們在過去兩年貢獻了多少的營業額比例？

15. 討論收入認列政策

16. 討論發票和付款條件

資產負債表

1. 資產負債表（過去五年的年度資產負債表及過去兩年的每季資產負債表）

2. 至少進行未來兩年的資產負債表預估

3. 討論與銀行的往來關係——借貸合約有任何欠款或棄權情況之債權人協商，或信用合作關係的中止

4. 商討並提供任何個人債務或其他長期、短期借貸的相關文件

銷售

1. 產品類型的現在和未來市場佔有率資料

2. 你的產品或服務現在和未來的市場規模如何？

3. 在你所處的市場中產品和客製化服務扮演了什麼樣的角色？

4. 你有多少銷售人員？每個人各背了多少營業額？達成率又是多少？銷售獎金的結構？

5. 運用電話銷售和直效郵件行銷達成的銷售業績

6. 針對不同產品群組，公司的定價策略是什麼？描述你的定價策略彈性

7. 通路策略──過去、現在和將來。你會怎麼打造你的銷售和行銷團隊？銷售和行銷佔收入的預估比例為何？描述截至目前為止的新進員工狀況

8. 描述典型的銷售循環

9. 描述典型的銷售協議

10. 哪一個區域市場在未來三年被寄予成為銷售關鍵的重望？為什麼？

11. 顧客評論（既有顧客、近來新進的顧客、近來流失的顧客）

12. 分配通路──產品怎麼賣出去？銷售人員的能力與忠誠度如何？

13. 推廣促銷──產品被推廣的方式為何？也就是廣告、展銷會、網站等媒介。

競爭

1. 公司和其他競爭者在價格、定位、毛利、分配通路，和相關財務與其他可以量化資料相比表現如何？

2. 面對競爭，公司做了什麼準備？

3. 公司的競爭者是誰？與公司相關的市佔率是多少？

4. 未來的潛在競爭威脅是什麼？是否有替代品？

5. 公司的競爭者最近有沒有依據他們的產品銷售方式（例如：提供新服務、和其他廠商合作、改變分配通路）而改變策略？

6. 公司最近錯失了哪一筆交易？這些交易被誰拿走了？

產品和服務

1. 公司產品的特殊賣點是什麼——這些賣點和競爭者有什麼不同？

2. 未來的潛在競爭威脅是什麼？是否有替代品？

3. 有關新產品和服務的介紹資訊

4. 描述產品開發流程和計畫

5. 試描述（如果有的話）典型的產品生命周期？

6. 在推出新服務和功能升級前，平均需要多久的前置開發期間？

7. 長期的新產品計畫與願景是什麼？

8. 典型的產品開發循環是什麼？測試的密集度？

9. 過去你是否未達成設定的產品開發期限？

研發協議

1. 你是否需倚賴其他組織的開發周期？

2. 你是否需倚賴其他組織的智慧財產權？

固有負債

1. 了解任何未來可能發生的重大財務「驚喜」會帶來的風險是非常重要的。通常這也需要律師或是環境調查公司提供的報告書。主題包含：

   a 擔保議題

   b 環境議題（環境保護法）

   c 專利侵權

   d 扣押和訴訟

   e 在審訴訟

   f 不平等解雇

▋50 個讓你在緊要關頭存活且變得更強韌的重要關鍵

1. 不要過度反應——只看數據採取行動
2. 將關鍵員工的產出放入規畫策略中
3. 修正未來六個月的營運／策略計畫
4. 調整未來六個月的現金流量
5. 依據調整過後的營運計畫修正預估報告
6. 向所有的員工說明你的計畫並邀請他們全心投入
7. 在董事會中評估人力需求
8. 暫緩遞補提出辭呈、退休或是解雇而產生的人力缺口
9. 裁員（如果需要的話，速度要快！），從組織的最高階層開始！
10. 維持較高的現金水位以充分利用銷售價格
11. 每個月翻一次還沒收到貨款的舊帳

12.加強收款的條件

13.彈性地尋找新的解決方案

14.檢視動得很慢的存貨——想辦法讓它們變成現金

15.分析存貨狀況。只採購賣得動的商品，但不要過度囤貨

16.每個月檢視一下陳年的應付帳款

17.確認你的顧客知道你公司的顧客服務非常棒

18.讓老闆所簽每張支票的票期都是 60 天，這樣一來他才會對
　 於公司的成本支出有感

19.從你的銀行取得臨時的信用額度

20.重新評估資本支出的時間點

21.當必須要有資本支出時，確定它花得合理，價錢漂亮

22.用資源交換來降低現金的需求

23.和既有顧客維持緊密關係

24.檢視你之前的顧客，看看你可以把商品再賣給誰

25.尋找在同樣的市場利基下你可以販售的相關產品或服務

26.不要調降你的廣告或行銷預算。對手刪減預算時，你若調
　 高預算可能可以搶得先機

27.不要終止員工訓練

28.必須要換掉某些人時，記得從有經驗的人選開始考慮

29.分析你的郵資花費，郵局或是其他的廠商

30.別輕易刪減你的行銷花費，這會讓銷售問題變成兩倍大

31.為了增加銷售成效，評估是否聘雇獨立的銷售代表

32.評估郵資花費，並想辦法降低它

33.評估差旅費是否合理。用電話會議、網路會議、視訊會議
　 來取代不必要的出差

34.評估任何交際支出的合理性

35.評估任何辦公用品支出的合理性

36.根據新的營運企畫重新計算你的損益兩平分析

37.檢視最近一個月損益表上的百分比變化趨勢

38.必要的時候重複使用辦公用品、資料夾、迴紋針等等

39.把品質不佳或印錯的紙張以及過時的信紙留下來當便條紙使用

40.緊守對於新客戶的信用額度

41.每個月把損益表拿來跟修正後的預估報表做比對

42.每個月計算一次流動比率，想辦法讓它變得更厲害

43.不停地讓你的銀行知道你的公司發展。記得，銀行恨透了驚喜！

44.每個月做一次關鍵績效指標的總結

45.在將應收帳款轉交給催收組織或是律師前，給欠款廠商一個還款的機會

46.利用小額錢債法庭（編按：英國的一種專供小額索債的法庭服務，相對一般法律程序更簡單快捷）收回部分帳款

47.透過加入由其他公司組成的每月聚會團體，交換意見並學習新技巧

48.檢視你的保險並考慮是否提高扣除額

49.不要只管理一時！在採取任何可能影響公司未來的行動前，想想公司長遠的目標

50.花時間計畫，更要花時間檢視經營與計畫的差距

附錄 A
管理會計報告範本

管理會計報表

20X2 六月

A 股份有限公司

A 股份有限公司

資產負債表 20X2 年 6 月 30 日	支出	累積折舊	金額
有形固定資產			
自有房地產	623,640.00	96,085.01	527,554.99
電腦設備	96,581.31	84,941.47	11,639.84
廠房機器	825,167.64	610,095.06	215,072.58
設備家具	130,633.19	87,988.85	42,644.34
汽車	9,800.00	544.44	9,255.56
	1,685,822.14	879,654.83	806,167.31
無形固定資產			
商譽	3,445,628.32	1,941,909.68	1,503,718.64
商標成本	-	-	-
子公司股份			1.00
長期資產			**2,309,886.95**
應收帳款			807,224.49
公司內部交易			(1.00)
其他應收款 / 預付款			60,387.04
存貨			943,244.07
銀行存款 / 現金			356,196.72
			2,167,051.32
應付帳款：一年內需支付金額			
應付帳款			(504,088.56)
銀行貸款 / 透支			(482,402.09)
應付薪資			(16,353.59)
應付款項			(42,284.78)
分期付款			(3,021.04)
加值稅			(13,743.10)
稅金			(403,418.51)
			(1,465,311.67)
淨流動資產			**701,739.65**
所有資產－流動負債			**3,011,626.60**
長期貸款			(454,125.00)
遞延稅金			(40,011.00)
淨資產			2,517,490.60
募資方式			
普通股			(230,000.00)
保留盈餘──前一年度			(2,143,510.63)
保留盈餘──本年度			(123,979.97)
股東權益合計			(2,517,490.60)

A 股份有限公司
損益表

損益表 20X2 年 6 月 30 日	期間			年度		
銷售		367,454.90			2,195,722.11	
銷售成本						
期初存貨	770,700.00			770,003.11		
原料	326,284.00			1,100,083.11		
運輸	16,834.19			95,084.48		
薪資	38,606.50			225,742.79		
	1,152,421.69			2,190,913.49		
期末存貨	(943,244.07)			(943,244.07)		
銷售成本合計		209,177.62			1,247,669.42	
毛利		158,277.28	43.1%		948,052.69	43.2%
營運費用						
銷售						
交通費	1,087.24			6,492.55		
出差／交際費	575.13			9,376.61		
廣告	3,215.73			25,965.25		
壞帳	1,000.00			5,786.71		
佣金	-			596.55		
折讓	148.90			160.32		
		6,027.00			49,368.99	
管理費用						
利息	1,444.86			5,383.13		
保險	1,907.32			11,766.96		
修繕	2,854.00			18,021.54		
電	2,024.05			13,365.51		
健康保險	488.77			3,278.05		
員工薪資	25,563.82			150,793.72		
分紅	1,661.00			10,550.58		
雇主健康保險提撥	2,751.99			16,442.28		
員工退休金	4,885.41			26,920.61		
郵務費	203.72			3,239.85		
文具	817.82			4,775.58		
電信費	375.65			2,732.21		
審計／會計服務費	1,000.00			6,178.54		
法律顧問費	217.14			1,634.88		
資訊支援	2,492.99			12,297.47		
品質控管成本	843.03			2,038.56		
招聘費用	1,710.00			2,410.00		
員工訓練	221.11			1,612.26		
匯差	51.17			(449.98)		
出售獲利	-			(1,500.00)		
銀行服務費	2,190.65			10,617.99		
雜費	899.07			8,570.19		
		54,603.57			310,679.93	
折舊						
自有建築	1,299.25			7,795.50		
商標成本	-			-		
電腦設備	1,150.88			6,773.04		
廠房機器	5,750.01			34,004.21		
設備	661.97			3,558.02		
汽車	272.22			544.44		
		9,134.33			52,675.21	
營運費用合計		69,764.90			412,724.13	
		88,512.38			535,328.56	
其他營運收入		-			-	
營運利潤		88,512.38	24.1%		535,328.56	24.4%
利息						
銀行利息	2,043.68			12,634.47		
分期付款利息	96.77			580.62		
	2,140.45			13,215.09		
扣除利息收入	-			-		
		2,140.45			13,215.09	
未預期項目——股份買回		-			-	
商譽攤銷		14,743.04			88,458.24	
稅前淨利		71,628.89	19.5%		433,655.23	19.8%
期間稅金（30%）		(25,695.65)			(148,766.26)	
稅後淨利		45,933.24	12.5%		284,888.97	13.0%
股利分配		(112,651.50)			(160,909.00)	
期間保留盈餘		(33,281.74)			123,979.97	
息稅折舊攤銷前盈餘		97,646.71	26.6%		588,003.77	26.8%

股份有限公司
損益表 20X2 年　每月分析總覽

	一月	二月	三月	四月	五月	六月	七月	八月	九月	十月	十一月	十二月	年度	差異	年度	差異	年度
銷售																	
產品 A	92,904	80,708	129,039	107,420	100,725	113,699	94,306	77,797	108,651	103,216	90,069	77,493	1,176,025	64,242	13,251	1,045,000	131,025
產品 B	24,140	20,576	27,756	20,821	17,435	25,467	21,151	25,813	26,970	19,337	28,042	14,725	272,231	16,414	(1,689)	267,000	5,231
產品 C	87,315	77,515	136,400	122,541	109,554	87,970	131,473	130,121	150,388	182,665	124,172	146,435	1,486,549	84,529	61,906	1,375,000	111,549
產品 D	334	495	937	662	696	707	783	1,411	1,210	950	1,082	658	9,924	1,107	(449)	18,000	(8,076)
產品 E	6,058	2,915	15,186	15,669	4,879	5,443	5,466	9,241	3,023	11,011	2,505	4,138	85,534	2,889	1,249	47,000	38,534
產品 F	9,818	12,811	21,670	36,804	23,946	23,461	37,029	30,789	16,507	20,991	19,251	12,619	265,696	9,836	2,783	160,000	105,696
產品 G	27,990	32,627	30,903	41,475	16,448	37,794	22,823	13,216	25,834	48,868	32,001	9,285	339,264	14,508	(5,224)	236,000	103,264
產品 H	28,318	25,919	37,389	17,068	22,360	14,105	23,374	11,648	44,475	55,959	36,855	82,689	400,158	17,213	65,476	280,000	120,158
產品 I	1,508	2,845	2,057	2,172	2,665	823	1,008	647	3,207	1,763	2,781	247	21,723	2,336	(2,089)	38,000	(16,277)
產品 J	670	2,577	2,096	720	1,265	3,316	1,421	597	3,482	3,439	1,669	4,376	25,627	2,459	1,917	40,000	(14,373)
產品 K	78	687	442	300	-	205	998	675	279	888	213	81	4,846	307	(226)	5,000	(154)
產品 L	581	4,305	3,580	(242)	3,227	4,321	2,679	1,576	5,767	9,857	2,457	276	38,387	1,721	(1,445)	28,000	10,387
產品 M	18,876	7,917	7,599	12,557	16,840	11,289	16,226	13,518	6,501	7,883	10,865	8,464	138,536	9,898	(1,434)	161,000	(22,464)
產品 N	76	4,254	-	840	(581)	1,412	-	-	4,756	540	226	1,552	13,077	1,352	199	22,000	(8,923)
產品 O	-	113	-	125	91	2,143		45	199	-	199	-	2,915	246	(246)	4,000	(1,085)
產品 P	185	732	768	835	-	100	1,330	352	575	615	-	1,931	7,423	246	1,685	4,000	3,423
產品 Q	2,620	3,025	1,617	342	5,681	650	566	1,009	7,888	4,425	133	2,866	30,823	-	2,866	-	30,823
產品 R	439	933	1,354	1,011	1,240	527	1,187	797	1,690	1,425	553	462	11,616	615	(153)	10,000	1,616
產品 S	6,476	7,511	19,976	17,516	7,844	22,514	37,554	18,406	21,385	21,389	9,690	22,589	212,847.98	4,918	17,671	80,000	132,848
產品 T	11,139	10,393	15,710	11,511	10,946	11,508	13,032	11,298	14,175	15,401	12,862	9,033	147,006	8,299	734	135,000	12,006
銷售	319,525	298,857	454,479	410,146	345,261	367,455	412,406	348,956	446,963	510,621	375,624	399,917	4,690,208	243,135	156,781	3,955,000	735,208
銷貨成本																	
期初存貨	770,003	777,076	811,330	847,085	734,322	770,700	943,244	931,530	1,075,892	1,149,792	1,083,080	1,010,525	770,003	732,000	(278,525)	732,000	(38,003)
原料	130,181	149,904	249,968	68,462	175,284	326,284	171,256	287,353	306,872	156,418	91,217	217,099	2,330,298	94,215	(122,884)	1,532,563	(797,736)
運輸	14,789	12,603	19,101	13,058	18,698	16,834	15,642	13,548	19,362	20,073	14,771	14,224	192,704	11,770	(2,454)	166,465	(26,239)
薪資	36,244	34,626	39,498	38,230	38,541	38,604	35,635	41,168	38,299	38,591	34,454	31,552	445,442	27,944	(3,608)	454,562	9,120
期末存貨	951,217	974,210	1,119,898	966,836	966,844	1,152,422	1,165,777	1,273,600	1,440,425	1,364,874	1,223,522	1,273,400	3,738,447	865,929	(407,471)	2,885,589	(852,857)
	(777,076)	(811,330)	(847,085)	(734,322)	(770,700)	(943,244)	(931,530)	(1,075,892)	(1,149,792)	(1,083,080)	(1,010,525)	(1,037,188)	(1,037,188)	(732,000)	278,525	(732,000)	305,188
銷售成本合計	174,141	162,880	272,813	232,514	196,144	209,178	234,247	197,708	290,632	281,794	212,997	236,212	2,701,259	133,929	(102,282)	2,153,589	(547,669)
毛利	145,384	135,977	181,666	177,631	149,117	158,277	178,159	151,249	156,330	228,827	162,627	163,705	1,988,950	109,206	54,499	1,801,411	187,539
	45.5%	45.5%	40.0%	43.3%	43.2%	43.1%	43.2%	43.3%	35.0%	44.8%	43.3%	40.9%	42.4%	44.9%		45.5%	
營運費用																	
銷售和分配																	
交通費	976	1,017	1,157	976	1,278	1,087	1,344	1,076	1,639	1,037	1,388	1,387	14,363	978	(408)	13,726	(638)
出差／交際費	1,887	1,987	833	4,069	25	575	30	293	4,767	1,590	1,180	2,191	19,428	310	(1,881)	16,720	(2,708)
廣告	3,105	16,028	870	928	1,810	3,216	10,575	4,349	3,322	1,629	887	2,180	48,899	855	(1,325)	43,087	(5,812)
壞帳	1,000	1,000	1,000	787	1,000	1,000	1,000	1,000	1,000	1,000	1,000	(8,920)	1,867	1,000	9,920	12,000	10,133
佣金	-	-	-	-	597	-	-	-	-	-	-	-	597	50	50	500	(97)
折讓	121	272	252	(0)	367	149	316	130	337	2,282	116	(414)	3,926	1,000	1,414	13,000	9,074
	7,089	20,305	4,112	6,760	5,077	6,027	13,266	6,848	11,065	7,538	4,571	(3,577)	89,080	4,193	7,770	99,033	9,953
管理費用																	
房租／利息	1,128	565	107	1,070	1,068	1,445	1,230	1,575	1,135	1,068	1,068	1,359	12,818	1,860	501	14,493	1,675
保險	1,919	2,238	1,887	1,907	1,907	1,907	2,157	1,907	1,907	1,907	1,818	2,088	23,552	2,211	122	26,174	2,622
修繕	2,422	2,793	2,803	4,225	2,924	2,854	3,886	4,264	4,775	5,611	4,049	1,165	41,772	1,838	673	24,000	(17,772)
電	2,018	1,633	4,011	2,174	1,507	2,024	2,292	2,157	184	2,710	(461)	2,569	22,816	2,000	(569)	25,050	2,234
健康保險	532	532	532	597	597	489	528	528	628	246	427	427	6,060	585	158	6,807	747
員工薪資	23,739	23,674	27,412	25,531	24,873	25,564	26,377	27,573	28,502	30,163	30,228	34,467	328,105	24,558	(9,910)	294,692	(33,413)
分紅	1,661	1,661	1,661	2,246	1,661	1,661	2,315	994	2,817	1,269	11,673	2,107	31,726	1,661	(446)	19,935	(11,791)
雇主健康保險提撥	2,701	3,232	2,210	2,823	2,725	2,752	2,324	2,238	3,017	3,031	4,827	4,195	36,074	2,650	(1,545)	31,805	(4,270)
員工退休金	4,402	4,402	4,408	4,409	4,415	4,885	4,416	4,417	4,059	4,069	4,065	4,077	52,024	4,338	261	52,057	33
郵務費	489	(3)	1,068	994	488	204	500	-	1,188	16	475	730	6,148	738	7	7,573	1,424
文具	348	1,008	882	853	867	818	136	919	671	647	826	1,068	9,043	513	(555)	8,066	(977)
電信費	493	405	585	442	432	376	312	578	501	1,057	286	823	6,288	512	(311)	5,998	(290)
審計／會計服務費	1,000	1,000	1,179	1,000	1,000	1,000	1,000	1,000	1,000	1,000	1,000	-	11,179	1,000	1,000	12,000	821
法律顧問費	463	217	217	303	217	217	417	3,198	4,172	8,752	612	2,185	20,971	550	(1,635)	6,600	(14,371)
資訊支援	2,115	2,164	1,897	1,615	2,013	2,493	1,449	1,658	1,645	2,670	1,701	1,157	22,579	1,675	518	19,814	(2,765)
品質控管成本	185	96	386	286	243	843	171	227	239	181	389	342	3,588	195	(147)	3,890	302
招聘成本	-	-	-	350	350	1,710	350	350	6,350	1,970	350	1,710	13,490	300	(1,410)	3,600	(9,890)
員工訓練	232	-	444	233	482	221	221	221	291	281	221	1,356	4,204	250	(1,106)	3,000	(1,204)
匯差	1,792	1,174	(4,375)	(406)	1,313	51	(3,900)	1,997	(3,316)	(2,568)	(2,270)	(55)	(10,562)	1,000	1,055	12,000	22,562
出售獲利	-	-	-	-	(1,500)	-	-	-	-	-	-	-	(1,500)	-	-	-	1,500
銀行服務費	1,499	1,433	1,822	1,479	2,193	2,191	886	1,584	1,761	2,130	1,699	1,515	20,193	1,788	273	21,212	1,019
雜費	1,254	2,096	1,481	875	1,965	899	1,680	860	1,883	1,376	374	167	14,910	1,335	1,168	16,864	1,954
	50,393	50,320	50,616	53,006	51,741	54,604	48,748	58,245	63,409	67,585	63,357	63,453	675,477	51,555	(11,897)	615,630	(59,847)

項目	一月	二月	三月	四月	五月	六月	七月	八月	九月	十月	十一月	十二月	年度	預算	預算年度	差異年度
折舊																
自有建物	1,118	1,118	1,118	1,151	1,151	1,151	1,151	1,151	(824)	1,165	1,165	1,165	11,745	1,150	13,550	1,805
租賃成本	5,596	5,717	5,717	5,750	5,750	5,792	5,793	5,792	1,802	5,868	5,868	5,868	64,996	6,742	73,672	8,676
電腦設備	565	577	623	662	661	661	272	272	(1,151)	660	660	660	5,710	565	6,785	1,075
辦公機器	—	—	—	272	272	272	272	272	1,398	272	272	272	2,178	(272)	(2,178)	(2,178)
設備	8,578	8,711	9,095	9,134	9,176	9,175	9,176	9,175	1,398	9,265	9,265	9,264.86	100,219	9,757	109,597	9,378
汽車	66,061	63,306	68,476	65,913	69,765	71,190	74,268	75,873	80,458	84,387	77,192	69,141	864,776	65,505	824,260	(40,516)
營業費用合計	79,323	56,774	118,360	109,155	83,204	88,512	106,969	76,981	80,458	144,440	85,435	94,564	1,124,174	43,701	977,151	147,023
其他營業收入	—	—	—	—	—	—	—	—	—	—	—	—	—	—	—	—
營業淨利	79,323 / 24.8%	56,774 / 19.0%	118,360 / 26.0%	109,155 / 26.6%	83,204 / 24.1%	88,512 / 24.1%	106,969 / 25.5%	76,981 / 22.1%	80,458 / 18.0%	144,440 / 28.3%	85,435 / 22.7%	94,564 / 23.6%	1,124,174 / 24.0%	43,701 / 18.0%	977,151 / 24.7%	147,023
利息																
銀行利息	1,951 / 97	2,011 / 97	2,198 / 97	2,252 / 97	2,179 / 97	2,044 / 97	1,903 / 97	2,185 / 97	1,961 / 97	1,850 / 97	1,810	1,782	24,126 / 968	2,429 / 357	27,705 / 2,064	3,579 / 1,096
分期付款利息	2,048	2,294	2,108	2,349	2,276	2,140	2,000	2,282	2,058	1,947	1,810	1,782	25,093 / (7)	2,786 / 1,005	29,769	4,676
利息淨支出	2,048	2,294	2,108	2,349	2,276	2,140	2,000	2,282	2,058	1,947	1,803	1,782	25,086	2,786 / 1,005	29,769	4,687
未完期項目—股份獎勵																
攤銷額	14,743	14,743	14,743	14,743	14,743	14,743	14,743	14,743	14,743	14,743	14,743	14,743	176,916	14,743	176,916	—
稅前利潤	62,532	39,737	101,509	92,063	66,185	71,629	90,226	59,956	63,657	127,750	68,888	78,039	922,171	26,171	770,465	151,706
稅金	(21,637)	(15,373)	(30,210)	(31,775)	(24,076)	(25,696)	(31,228)	(16,504)	(21,952)	(39,898)	(23,385)	(26,011)	(307,745)	(10,172)	(270,399)	(37,345)
稅後利潤	40,895	24,364	71,299	60,288	42,109	45,933	58,998	43,451	41,705	87,852	45,504	52,028	614,427	15,999	500,066	114,360
股利分配	(10,666)	(10,666)	(10,622)	(10,652)	(10,652)	(12,652)	(12,652)	(12,652)	(12,652)	(12,652)	(12,652)	(12,652)	(336,818)	(112,652)	(357,818)	21,000
期間保留盈餘	30,229	13,698	60,677	49,636	31,458	33,282	46,346	30,800	29,053	75,200	32,852	103,829	277,609	(129,652)	142,248	135,360
累積保留盈餘／虧損	87,901	65,353	126,938	117,866	92,299	97,647	116,145	86,156	153,704	94,699	103,829	1,224,393	53,457	1,086,748	137,645
百分比	27.5%	21.9%	27.9%	28.7%	26.7%	26.0%	28.2%	24.7%	18.3%	30.1%	25.2%	26.0%	26.1%	22.0%	27.5%	

112.7%

▋財務長 喬布朗先生

財務報告 20X2 年 6 月

銷售

第四個月的銷售狀況比預期中來得好，實際銷售額為 367,500 元，比預估的水準高出了 8%。出口銷售表現不錯是最大的功臣。在調整了 SP 集團的退款之後（預估銷售額是 340,400 元，調整後的實際銷售額是 367,500 元），這個月的銷售比預估金額高了 27,100 元。除此之外，銷售額也比去年同一月份高出 43,100 元（去年六月的銷售狀況非常慘烈，只有 324,400 元）。今年的出口銷售額有 104,600 元，比去年六月高了 36,000 元。相當於這個月總銷售額的 28.5%，今年度平均每月銷售額的 28.9%，去年度平均每月銷售額的 26.5%。

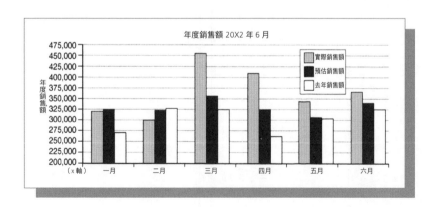

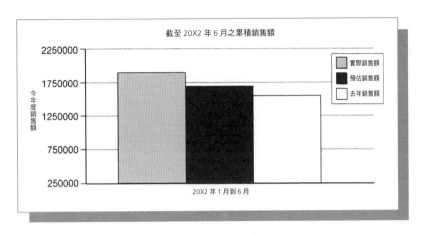

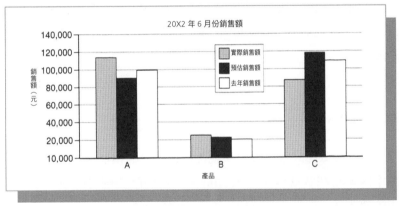

產品 A、B 和 C

　　產品 A 和產品 B 相較於預估與去年同期來說，今年度的表現非常的亮眼。產品 A 的銷售額高出預估 23,800 元，比去年同期增加 13,900 元。截至目前為止，產品 A 維持超前預估銷售 20,000 元的水準，在第一季有非常傑出的銷售成果。這個類別的銷售額比預估高出了 102,000 元，比去年同期增加了 116,800 元。產品 C 這個月的表現卻很糟糕，不僅比預估的金額低了 30,400 元，也比去年

同期減少了 21,500 元。截至目前為止，產品 C 的銷售金額比預估的低了 66,200 元，但相較於去年同期，卻增加了 19,100 元。產品 B 在 6 月的表現相當不錯，比當月預估金額高 2,500 元，也比去年同期增加 6,200 元。截至目前為止，產品 B 的銷售額比預估的高了 2,700 元，但卻比去年同期減少了 2,700 元。

毛利

經過這一季的季末存貨盤點，毛利率是 43.2%，和第一季的毛利水準相同，這個月的勞力成本是 10.5%（低於預估的數據 11.5%），而這個月的運輸成本降低了 4.6%（比預估的水準高了 4.4%）。

營運費用

銷售和分配成本大致上來說都符合每月的預估金額，截至目前為止的累積花費低於預估 12,400 元，這是因為應付的退款金額比預估還要低，以及廣告支出的時間點有所更動。

成本比去年同期高出了 2,300 元，這完全是因為 20X1 年沒有這筆 Fespa 的成本。

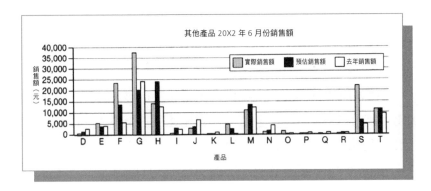

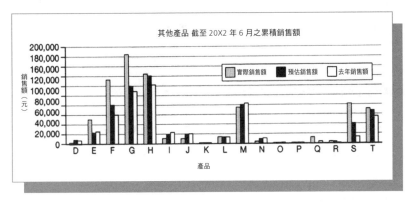

　　管理費用比當月的預估金額高了 3,400 元，比 1 到 6 月的預估金額多出 5,500 元。這個月的超支是因為修繕費用在每個月都大約超支了 1,000 元。薪資支出也因為僱用 A 小姐執行某項特殊計畫而超支了 1,000 元。招聘費用當月超支了 1,400 元，這也是僱用 A 小姐所產生的花費。另一方面，這個月以來的邊際匯兌收入，比預估的金額多出 900 元。今年與去年同期的營運費用差異主要是在下面的項目：

■ 電費，1,800 元——因為前一年度的帳單統計區間的差異
■ 招聘費用，1,700 元——參考前一段的說明

除此之外，這個月沒有其他的項目有超支的情形。

這個月也沒有金額比較大的超支。

這個月的所有支出超出預估 3,600 元（1-6 月的累計支出則是比預估低了 7,000 元），和去年六月相比，差距不大（1-6 月累計支出則是比去年高了 54,600 元）。

這個月的營運獲利是 88,500 元（1-6 月的累計比預估高了 58,000 元），比去年六月高了 8,800 元（1-6 月的累計比預估高了 58,200 元）。

息稅折舊攤銷前盈餘 (EBITA) 和保留盈餘

這個月的保留盈餘比預估低了 2,700 元（1-6 月累計則是比預估高了 40,200 元），息稅折舊攤銷前盈餘是 97,600 元，符合當月的預估金額。1-6 月的息稅折舊攤銷前盈餘比預估高出 57,900 元，比去年同期增加 55,000 元。

現金流量管理

在 20X2 年 6 月底可以提領的現金有 422,000 元，比上個月低了 86,000 元。

現金收款金額比五月份增加 8,000 元，但是在這個月產生的可用現金卻減少了 15,000 元。

	一月	二月	三月	四月	五月	六月
現金收款（元）	334	303	423	373	442	450
BoSCF 帳戶餘額	177	317	243	361	176	269
月底可用現金	388	289	363	383	508	422
當月產生可用現金	346	330	493	438	393	378

匯率

　　這個月來的英鎊：美金匯率稍微上漲，大約漲了 1.2%。在這個月初的匯率是 1.4710 美元兌 1 英鎊，月底的匯率是 1.4889 美元兌 1 英鎊，最高的匯率發生在月底前，1.5052 美元兌 1 英鎊；最低的匯率出現在 20X2 年 6 月 4 日，1.4421 美元兌 1 英鎊。從月底開始，匯率大大地上升，在我寫這本書的時候，匯率是 1.5950 美元兌 1 英鎊。

　　英鎊跟歐元之間的匯率變動軌跡和英鎊兌美元的匯率走向很類似，雖然曲線的變動看起來頗為劇烈，這一個月底的匯率只上升了 1.2%。這個月初的匯率 1.2030 歐元兌 1 英鎊，月底的匯率收在 1.2173 歐元兌 1 英鎊，6 月最高的匯率就發生在月底之前，來到 1.2310 歐元兌 1 英鎊，最低的匯率則是在 6 月 18 日，1.1964 歐元兌 1 英鎊。匯率從月底開始微幅的下降，目前的匯率大約是 1.2050 歐元兌 1 英鎊。

　　在這個月裡，英鎊兌換日幣的匯率下降很多，跌幅有 2.2％。這個月初的匯率從 134.7 日幣兌 1 英鎊，一路跌到 131.7 日幣兌 1 英鎊，目前的匯率是 136.7 日幣兌 1 英鎊。

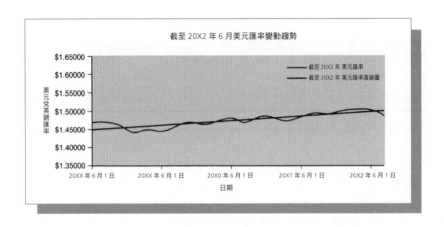

利率

由英格蘭銀行召開的貨幣政策委員會將當月的利率定在 0.5%。在我寫這本書的時候，20X2 年 5 月初的決定是要讓利率維持在 0.5%。沒有任何消息顯示在 20X2 年利率會有上升的可能。市場分析師表示利率可能會從 20X3 年的第四季開始上升。

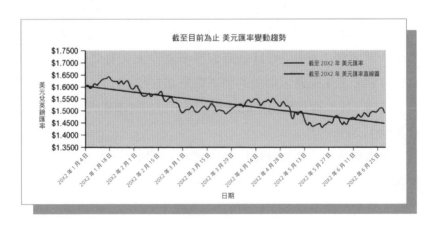

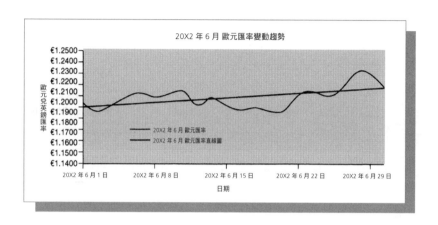

流動性／應收帳款天數

以 12 個月為計算基準的應收帳款天數降低了 4 天，變成 63 天，這明顯地是因為 UK 和出口分類帳的變動。UK 帳戶的應收帳款天數減少了 3 天，變成 67 天，出口帳務在這個月的應收帳款天數減少了 6 天，變成 52 天。因為這個月採購費用增加，應付帳款天數增加了 24 天，變成 74 天。但存貨周轉率變得很糟糕，從上個月的 3.0 掉到 2.7，這代表著月底的存貨量有偏高的現象。流動比率從 1.88 變成 1.71，速動比率從 1.10 變成 0.96。

缺席

請假的狀況在這個月比較常見。缺席率是 1.2%，大約等於 10 個工作天，其中有 8 天是來自於 Jones 先生的請假。

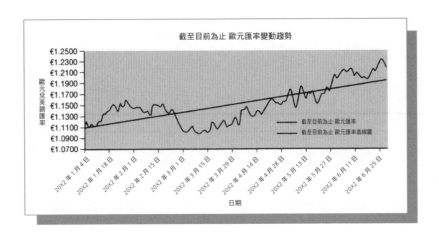

加班

　　這個月的加班狀況有所改善，回到銷售金額的 0.9%，但仍比 20X1 年的平均 0.7% 來得高。加班費也降低了，比預計金額低了 614 元（實際費用 3,267 元，預估費用 3,881 元）。實際的加班時數卻比預計的高出 75 個小時（實際時數 4,581 小時，預估時數 4,506 小時）。儘管如此，這個月的每週平均支付給員工的薪水微幅的下降，時薪從 5 月的 6.65 元變成 6.54 元。

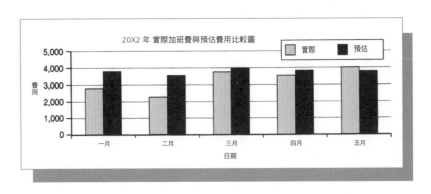

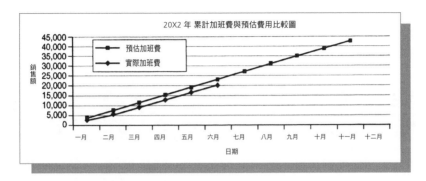

20X2 年 每月加班費

	一月	二月	三月	四月	五月	六月	七月	八月	九月	十月	十一月	十二月
實際加班費	2,862	2,353	38,478	3,566	4,040							
預估加班費	3,881	3,582	4,030	3,881	3,881	3,881	3,956	38,956	3,881	3,881	3,881	4,030

員工資料

　　員工人數為 43 人。

20X2 年缺席率

	一月	二月	三月	四月	五月	六月	七月	八月	九月	十月	十一月	十二月
實際	0.5%	0.6%	0.8%	0.4%	1.9%	1.2%						
目標	2.0%	2.0%	2.0%	2.0%	2.0%	2.0%	2.0%	2.0%	2.0%	2.0%	2.0%	2.0%

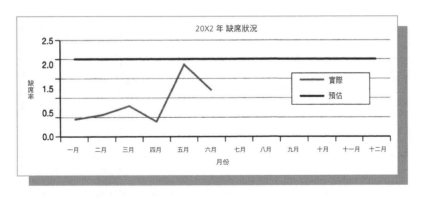

A 股份有限公司
關鍵績效指標——前一年度

項目	前二年度	前一年度	一月	二月	三月	四月	五月	六月	七月	八月	九月	十月	十一月	加權平均／年度
總銷售額	£312,073	£3,744,878	£319,525	£298,857	£454,479	£410,146	£345,261	£367,457	£412,406	£348,956	£446,963	£510,621	£375,624	£4,690,211
國內銷售額	£256,314	£3,452,553	£233,873	£204,178	£318,693	£297,584	£244,875	£254,845	£310,769	£294,337	£326,488	£384,990	£274,516	£3,446,944
出口銷售額	£82,729	£992,750	£85,652	£94,679	£135,786	£112,561	£100,386	£112,612	£101,637	£54,619	£120,475	£125,631	£101,108	£1,243,268
出口占銷售額比	26.5%	26.5%	26.8%	31.7%	29.9%	27.4%	29.2%	28.5%	24.6%	15.7%	27.0%	24.6%	26.9%	26.5%
每日發票筆數（總計）	48	576	561	634	762	686	651	668	664	600	759	665	686	667
每日發票筆數（國內）	43	515	485	545	640	598	562	589	582	550	664	569	604	581
每日發票筆數（出口）	5	62	76	89	122	88	89	79	82	50	95	96	82	86
平均發票金額（總計）	£542	£6,502	£570	£471	£596	£598	£530	£550	£621	£582	£589	£768	£548	£639
平均發票金額（國內）	£445	£5,343	£482	£375	£498	£498	£435	£446	£534	£535	£492	£677	£454	£540
平均發票金額（出口）	£1,342	£16,099	£1,127	£1,064	£1,113	£1,279	£1,421	£1,324	£1,239	£1,092	£1,268	£1,309	£1,233	£1,311
每位員工銷售額	£8,002	£96,023	£7,988	£7,471	£11,362	£10,254	£8,421	£8,546	£9,591	£8,308	£10,902	£12,454	£12,682	£114,142
銷售額十二個月變動	£9,314	£111,774	£111,139	£10,393	£15,710	£11,511	£10,946	£11,508	£13,032	£11,298	£14,175	£15,401	£4.6%	£137,793
變動百分比	4.1%	4.1%	4.8%	5.1%	4.9%	3.9%	4.5%	4.4%	4.2%	3.8%	4.3%	4.0%	22	4.0%
國內活躍客戶數	18	219	15	19	16	12	19	18	14	10	17	18	£16,084	180
每位活躍客戶銷售額	£13,901	£166,811	£5,717	£10,636	£5,807	£1,829	£7,760	£2,534	£4,012	£2,835	£14,593	£2,551		£74,358
總訂單量	£226,686	£320,232	£405,597	£405,214	£443,072	£345,452	£398,400	£393,503	£669,671	£321,556	£403,333	£391,171	£402,727	£409,518
國內訂單	£199,397	£232,764	£203,797	£293,190	£310,640	£245,455	£299,351	£279,181	£577,570	£248,681	£300,939	£273,145	£244,180	£297,884
出口訂單	£187,468	£87,468	£123,800	£111,204	£132,432	£199,997	£98,449	£114,322	£192,101	£72,875	£102,394	£118,027	£158,547	£111,633
出口占比	27.3%	27.3%	38.4%	27.6%	29.9%	28.9%	24.7%	29.1%	13.8%	22.7%	25.4%	30.2%	39.4%	27.3%
每月訂單筆數（總計）	N/A	£15,416	£16,530	£20,261	£19,264	£17,273	£20,068	£17,887	£30,440	£15,312	£18,333	£18,540	£18,306	£19,374
（國內）	N/A	£11,200	£10,190	£14,659	£13,506	£12,273	£15,787	£12,690	£28,253	£13,842	£13,679	£13,642	£11,099	£14,082
（出口）	N/A	£4,216	£6,340	£5,601	£5,758	£5,000	£5,182	£5,196	£4,186	£3,470	£4,654	£5,620	£1,207	£5,292
出口延遲	N/A	N/A	93.3%	96.2%	97.5%	94.8%	95.0%	96.4%	98.7%	95.7%	94.0%	96.9%	98.0%	96.0%
實收／帳款	46.0% / 43.1%		45.5% / 45.3%	45.5% / 45.3%	40.0% / 45.3%	43.3% / 45.2%	43.2% / 45.2%	43.1% / 45.5%	43.2% / 46.0%	43.3% / 46.1%	35.0% / 45.6%	44.8% / 45.6%	43.3% / 45.6%	42.5% / 45.6%
	25.30% / 22.0%		22.7% / 22.7%	16.8% / 19.0%	26.0% / 25.3%	26.6% / 24.1%	24.1% / 22.9%	24.1% / 26.0%	25.9% / 26.3%	22.1% / 26.5%	10.0% / 25.5%	18.0% / 25.8%	25.2% / 25.6%	24.0% / 25.1%
	28.4% / 24.7%		25.4% / 25.3%	19.6% / 21.6%	27.9% / 28.8%	28.7% / 26.9%	26.7% / 25.8%	26.6% / 28.7%	28.2% / 28.8%	24.7% / 29.6%	18.3% / 28.4%	30.1% / 28.4%		26.1% / 25.1%
出貨延遲	30.1%		30.0%	29.0%	29.0%	31.3%	31.5%	31.0%	32.3%	32.5%	31.8%	33.0%	33.3%	33.3%
流動比率	1.85		1.54	1.49	1.50	1.46	1.56	1.47	1.52	1.52	1.55	1.62	1.65	1.92
速動比率	1.02		0.85	0.86	0.88	0.94	0.92	0.82	0.87	0.81	0.77	0.86	0.94	0.86
存貨周轉	2.63		2.64	2.62	3.79	3.85	3.00	2.70	2.96	2.62	2.67	2.43	2.15	1.99
每位員工人數	60		60	64	69	72	67	63	65	65	62	67	60	60
	63		63	64	68	73	70	67	70	76	68	68	61	61
	52		51	63	72	71	58	52	51	34	46	65	56	56
每位員工附加價值	£10,260		£10,307	£10,673	£14,661	£13,672	£11,137	£12,249	£13,303	£11,257	£14,899	£16,472	£12,521	£5,222,745
	N/A		£23.62	£24.46	£33.60	£31.33	£25.52	£28.07	£30.49	£25.80	£34.14	£37.75	£28.69	
應收帳款週轉（增／減）／淨值／毛利	£3,781.77		−£46,353.66	−£71,789.81	−£48,131.69	£61,556.84	£45,344.12	−£23,510.13	£40,766.00	−£88,840.18	£96,274.28		
	£88.67		−£106.23	−£164.52	−£110.30	£141.07	£103.91	−£53.88	£93.42	−£203.59	£220.63		
總庫存值	£350,083		£333,500	£302,833	£422,868	£373,098	£441,882	£449,689	£425,985	£373,903	£355,140	£499,863		£5,222,745
	£346,555		£333,500	£329,621	£492,841	£438,302	£393,221	£449,689	£459,614	£385,752	£793,555	£447,186	£427,876	
總月銷售額	£4,200,996		£3,781.77	£416,202	£374,001	£504,089	£453,556	£498,186	£304,188	£4,542,059				
十二個月移動值	£4,158,665		£358,666	£178,418	£134,066	£127,821	£167,922	£151,415	£73,749	£2,169,594				
	N/A		£2,048,404	£2,030,937	£2,225,447	£2,290,382	£2,332,765	£2,307,669	£2,376,035					
每位員工平均值	59		59	64	65	55	50	74	64	71	52	45	45	45

			一月	二月	三月	四月	五月	六月	七月	八月	九月	十月	十一月	年度累計/平均
總時薪工														
病假時數－工廠	49	586	22	0	16	8	52	70	0	23	124	16	119	455
病假時數－辦公	24	293	7	37	41	16	62	13	0	32	79	82	8	376
病假時數－總計	73	879	29	37	57	24	113	83	0	63	203	98	127	830
病假時數佔基本工作時數比	N/A	1.1%	0.5%	0.6%	0.8%	0.4%	1.9%	1.2%	0.0%	0.5%	3.0%	1.5%	1.9%	1.1%
病假時數佔基本工作時數比（含延期休假期）	N/A	1.1%	0.5%	0.6%	0.8%	0.4%	1.9%	1.2%	0.2%	0.5%	3.0%	1.5%	0.5%	1.0%
員工人數	39	39	40	40	40	40	41	43	43	42	41	41	41	41
實際生產時數	4,162	49,947	4,275	3,915	4,575	4,329	4,518	4,581	4,685	4,841	4,739	4,531	3,974	48,963
預估生產時數	4,568	54,817	4,506	4,159	4,679	4,506	4,419	4,506	4,593	4,593	4,505	4,505	4,505	49,475
差異	406	4,870	231	244	104	177	-99	-75	92	-248	-234	-26	531	513
平均時薪時數	N/A	£6.31	£6.68	£6.64	£6.75	£6.69	£6.65	£6.54	£6.40	£6.52	£6.58	£6.56	£6.43	£6.54
平均時薪時數（包含CTx%）	N/A	£6.95	£7.29	£7.28	£7.30	£7.27	£7.22	£7.11	£6.97	£7.07	£7.13	£7.15	£7.09	£7.12
加班時數														
x1.25（實際 vs 預估）	127.18 vs 249.97	1,526.20 vs 2,999.61	147.75 vs 185.47	92.25 vs 171.20	201.25 vs 192.60	284.92 vs 185.47	333.75 vs 181.94	171.79 vs 185.47	257.33 vs 189.03	264.13 vs 189.03	269.50 vs 185.47	134.67 vs 185.47	117.83 vs 185.47	2057.34 vs 1851.11
x1.50（實際 vs 預估）	54.96 vs 182.58	659.54 vs 2,191.00	126.67 vs 182.00	84.00 vs 168.00	94.00 vs 189.00	25.00 vs 182.00	114.88 vs 178.50	106.63 vs 182.00	5.50 vs 185.50	83.00 vs 185.50	206.33 vs 182.0	536.67 vs 182.00	95.42 vs 182.0	3047.32 vs 1816.00
x1.33（實際 vs 預估）	73.57 vs 104.33	882.81 vs 1,252.00	68.75 vs 85.54	103.00 vs 78.96	174.25 vs 88.83	137.04 vs 85.54	142.02 vs 85.94	125.00 vs 85.54	60.00 vs 87.19	172.42 vs 87.19	120.50 vs 85.54	156.83 vs 85.54	98.83 vs 85.54	1259.89 vs 853.77
差異	11.98	-43.75	0.00	0.00	0.00	0.00	0.00	0.00	0.00	0.00	0.00	0.00	0.00	0.00
加班費佔勞動成本比	0.7%	0.7%	0.9%	0.8%	0.8%	0.9%	1.2%	0.9%	0.6%	1.2%	1.1%	1.4%	0.7%	0.9%
	0.7%	0.7%	0.9%	0.8%	0.8%	0.9%	1.2%	0.9%	0.6%	1.2%	1.1%	1.4%	0.7%	0.9%
實際加班費用	£2,057.48	£24,689.76	£2,862	£2,353	£3,848	£3,566	£4,040	£3,267	£2,391	£4,172	£4,882	£7,060	£2,651	£41,092
預估加班費用	£1,053.54	£24,266.47	£0	£0	£0	£0	£0	£0	£0	£0	£0	£0	£0	£0
調整加班費	£2,163.02	£25,956.23	£2,862	£2,353	£3,848	£3,566	£4,040	£3,267	£2,391	£4,172	£4,882	£7,060	£2,651	£41,092
	£4,317.65	£51,811.76	£3,881	£3,582	£4,030	£3,881	£3,806	£3,881	£3,956	£3,356	£3,881	£3,881	£3,881	£42,617
差異	£2,154.63	£23,855.53	£1,019	£1,230	£182	£315	-£234	£614	£1,565	-£816	-£1,001	-£3,179	£1,230	£1,524

*W Tochel 31 hrs　*K Simpson 41 hrs　*T Williams 28 hr　*T Williams 62 hrs　*D Goude 23 hrs　*M Brookes 39 hrs　*R Duthie 24hrs　78 Hrs C Matthews　24 Hrs G Latham　D Goude 26 hrs　R Duthie 32 hrs　C Price 94 hrs

附錄 B
完全公開財務報表範本

註冊編號：9765432

好生意股份有限公司

董事會報告與財務報告

20X2 年 3 月 31 日

財務有限合夥
辦公室地址
莊園口路
伯明罕市
BM4 5LJ

好生意股份有限公司

公司資訊

董事：	A‧萊恩
	P‧萊恩
秘書長：	A‧丹特
辦公室登記地址：	M4 2LP 曼徹斯特，索爾福德市，
	歐克雷路
	34A 室
銀行：	好生意銀行
	EH10 2GJ 愛丁堡，如意算盤路 39 號
查核人：	布朗責任有限合夥公司
	HD7 2MR 西約克郡，哈德斯菲爾德市，
	歐克罕路

▌好生意股份有限公司

董事會報告 20X2 年 3 月 31 日

董事會在會計年度結束於 20X2 年 3 月 31 日的報告與查核後之財務報表。

董事會責任

董事會有責任提出董事會報告以及與適用法律規範相符的財務報表。

公司法要求董事會提出每個財務年度的財務報表。董事會依法被選出來準備符合英國一般公認會計原則（依據英國會計標準和公司所適用的相關法律）的財務報表。依據公司法，董事會必須確定財務報表是以公平公正的角度，描述這段期間公司的事務和損益狀況，才能同意公布這份財務報表。準備這些財務報表，董事需要做的是：

- 選擇適合的會計政策，持續地使用
- 合理且小心地進行評論和會計評估
- 針對財務報表中列出和解釋的任何資料偏差，說明所採用的英國會計標準項目是什麼
- 在繼續經營假設下準備財務報表，除非假設公司會繼續經營下去是不恰當的。

董事會也有責任要確保公司持續地製作適當的會計記錄。這些記錄能夠充分地呈現和解釋公司的交易狀況，並正確地揭露公司在任何時間點的財務狀況，讓董事會能夠確認財務報表的內容遵守公司法的規定。董事會也有責任保護公司資產的安全，因此他們必須

要採取合理的行動，來預防或偵查任何欺騙或違法行為。

每個董事都應該要為了讓他們對於任何相關的查核資訊有所警覺，讓公司的查核人員注意這些資訊而要採取一些身為董事所該做的步驟。董事會要確定沒有任何相關資訊是他們知道但查核人員卻不知情的。

董事會有責任維護列在公司網站上公司財務報表，並維持報表的完整。英國法律對於財務報表準備和傳遞的規定，根據不同管轄區域的法律規定而有所不同。

主要營業活動

公司的主要營業活動是零售。

營運分析

公允營運分析

董事會對於財務年度 20X2 年的結果非常滿意，這一年的營業額成長 39.8%。公司明顯地因著加值稅率的降低而受益。由於供應鏈成本提高，毛利輕微地下降。

稅前淨利因支付一筆金額高達 1,000,200 元的雇主提撥退休金制度而稍微降低。

公司在這一年內，新開了 24 家店面。在年底前，公司還在持續擴展新店，年度的目標是開超過 40 家的新分店。

董事會對於公司從今年開始直到 20X3 年的 3 月 31 日這段期間的持續成長和獲利很有信心。這個目標會透過提升邊際獲利、增加原有店面的營業額和新店面的開幕來達成。公司在過去一年的亮

眼表現，已經讓明年有個充滿希望的開始。

公司的發展和績效表現

	20X2	20X1
營業額	£ 93,646,014	£ 67,010,504
營業額成長率	40%	34%
邊際毛利	38%	40%
稅前淨利	£ 1,182,497	£ 1,361,338

公司概況

會計年度結束的淨資產總金額為 4,093,322 元。

財務風險

價格風險、信用風險、流動性風險和現金流風險

公司的主要金融工具是銀行存款、銀行透支、應收帳款、應付帳款和企業貸款。這些工具的主要目的是要支持公司的營運。

關於銀行存款，流動性風險的管控方式，是透過使用浮動利率的透支，在資金的持續性和彈性中間取得平衡。公司所有的現金存款都是用這樣的方式管理，以取得比較好的利率。公司也會利用各種金融市場工具來取得可用資金。

應收帳款在信用額度和現金流風險上的管理，是透過提供給顧客信用額度的政策設定，以及對即將到期的日期與額度上線作定期的監控。在資產負債表中列出的是壞帳的淨額。

應付帳款的流動性風險是透過確保有足夠的資金可以支付到

期貨款來管理。

貸款來自於董事。公司透過確保有足夠的資金可以支付貸款來管理流動性風險。

公司和外國廠商可能是用外幣進行交易，這涉及匯率波動的問題。當公司採取謹慎的作法時，會使用外幣遠期合約來將這些風險降到最低。

績效和股利

公司的績效表現在財務報表中有清楚的說明。

這一年臨時發放的股利共有 153,000 元。

員工政策

公司對於身心障礙人士之工作申請，依照其特殊專長與能力，進行全面性且公平的任用評估。

身心障礙員工在接受合適的訓練後，得以提升在公司內部的工作貢獻。在聘用期間遭遇身心障礙的員工，在情況許可下將繼續留任原職位，或轉至其他合適之替代職位。

資深管理團隊與員工代表定期舉行會議，商討相關事宜。員工清楚地了解公司最新的發展與狀況。

董事

本年度上任之董事如下：

－ A・萊恩先生

－ P・萊恩先生

查核人

符合 2006 年公司法第 487 條的規定，將繼續委任布朗責任有限合夥公司為查核人。

上述報告經過董事會同意，由下列董事代表簽署：

A · 萊恩

董事

日期：20X2 年 8 月 13 日

▌獨立會計師查核報告書──致 A 股份有限公司股東

我們已針對 A 股份有限公司於 20X2 年 3 月 31 日截止之會計年度的財務報表進行查核，財務報表內容詳列於第 256 頁到 258 頁。財務報告的格式符合相關法律規定及英國會計標準（英國一般公認會計原則）。

依據 2006 年公司法第 495 條和 496 條，此份報告僅為公司股東會編製。我們的工作目標非常清楚，就是將我們需要在查核報告中提出的部分向股東說明。在符合法律之許可範圍，我們不接受向除了公司和公司股東之外的任何人，負起查核工作、查核報告以及出具意見之相關責任。

董事會與查核人責任

如列於第 248 頁至第 252 頁的董事會責任報告書中之詳細說明，董事會有責任提供財務報表，並確認財務報表是以公平公正的角度編製。我們的責任則是依照適用的法律和國際審計準則（英國和愛爾蘭）查核董事會所提供之財務報表。這些標準並要求我們遵守查核實務委員會之查核人員道德準則。

財務報表查核範圍

查核事項包含查核財務報表中記載金額和所揭露資料之證明，確認其足以合理證明財務報表無重大的錯誤記載，不論此記載是來自造假或錯誤。這包含了所使用的會計政策是否合乎公司現況，使

用是否具有一致性，是否適當地揭露事實，董事會提出之重要會計
預測是否合理，以及整體財務報表陳述是否適當。

對於財務報表之意見

我們對於財務報表的意見：

以確實且公平的觀點，說明公司於 20X2 年 3 月 31 日之財
務狀況，以及當年度之獲利情形，

■ 財務報表編製符合英國一般公認會計原則，而且
■ 符合 2006 年公司法之要求。

對於其他 2006 年公司法規定事項之意見

我們認為以財務報表之會計年度所提供之董事會報告資訊與
財務報表的內容一致。

被要求例外報告的事項

針對 2006 年公司法要求我們進行報告的下列事項，我們認為
以下沒有任何事項需要進行報告：

■ 是否未適當保存會計記錄，是否有從我們不曾拜訪之分公
　司收取之適當查核報酬
■ 是否未依法揭露董事酬金
■ 我們沒有取得所有查核需要之資訊和說明

彼得‧瓊斯 特許會計師 財務會計師

資深註冊查核人

代表布朗責任有限合夥公司，註冊查核人

20X2 年 8 月 19 日

布朗責任有限合夥公司

HD7 2MR 西約克郡，哈德斯菲爾德市，歐克罕路

好生意股份有限公司

損益表 會計年度截止於 20X2 年 3 月 31 日

	註		20X2
		英鎊	英鎊
營業額	2	93,646,104	67,010,504
銷貨成本		(58,271,205)	(40,031,162)
毛利		**35,374,899**	**26,979,342**
管理費用		(34,087,088)	(25,466,194)
其他營業收入	3	13,688	36,500
營業淨利		1,301,499	1,549,648
其他應收利息和類似收入	4	2,735	8,807
應付利息和類似費用	7	(121,737)	(197,117)
稅前一般營業活動利益		**1,182,497**	**1,361,338**
一般營業活動利益稅金	8	(539,555)	(510,499)
財務年度淨利	**18**	**642,942**	**850,839**

營業額和營業淨利全數來自於繼續營業活動。

公司未認列上述以外之當年度獲利或損失。

上列數據與採用未更動之歷史成本基礎之報告結果無任何差異。

好生意股份有限公司

資產負債表 20X2 年 3 月 31 日

	註	英鎊	20X2 英鎊	英鎊	20X1 英鎊
固定資產	10		54,000		81,000
無形資產	11		8,106,089		5,813,889
有形資產			8,160,089		5,894,889
流動資產					
存貨	12	10,207,876		7,009,427	
應收帳款	13	1,944,724		1,278,606	
銀行及現金		2,493,676		2,598,495	
		14,646,276		10,886,528	
應付帳款：一年內到期	14	(18,398,043)		(12,938,037)	
淨流動負債			(3,751,767)		(2,051,509)
總計資產減流動負債			4,408,322		3,843,380
負債準備金	16		(315,000)		(240,000)
淨資產			**4,093,322**		**3,603,380**
資本與準備					
催繳股本	17		80,000		80,000
股份溢價準備	18		420,000		420,000
損益準備	18		3,593,322		3,103,380
股東權益	**19**		**4,093,322**		**3,603,380**

本現金流量表於 **20X2 年 8 月 13 日**經過董事會同意。

A・萊恩

董事

好生意股份有限公司

現金流量表　會計年度截止於 20X2 年 3 月 31 日

	註		**20X2**		**20X1**
		英鎊	英鎊	英鎊	英鎊
營業活動淨現金流入	21		2,617,744		3,023,358
投資報酬和融資服務	22		(119,002)		(188,310)
稅金	22		(990)		(499,508)
資本支出和財務投資		(4,042,948)		(2,388,438)	
購置有形固定資產			(4,042,948)		(2,388,438)
股利分配			(153,000)		(132,000)
			(1,698,196)		(184,898)
流動資源管理和 籌資前現金流出					
籌資					
貸款增加		1,593,377		-	
財務租賃資金 / 分期 付款契約款項償還		-	1,593,377	(11,531)	(11,531)
股東權益			**(104,819)**		**(196,429)**

淨負債變動造成之淨現金流量調節

	註	**20X2**	**20X1**
		英鎊	英鎊
當年現金減少	23	(104,819)	(196,429)
債務和財務租賃 (增加)/ 減少造成 之現金 (流入)/ 流出		(1,593,377)	11,531
淨資金變動造成之現 金流量		(1,698,196)	(184,898)
年初債務淨額	23	(3,050,475)	(2,865,577)
年底債務淨額	23	**(4,748,671)**	**(3,050,475)**

好生意股份有限公司
財務報表附註

會計年度截止於 20X2 年 3 月 31 日

1. 會計政策

基本編製

財務報表在歷史成本慣例下編製，並符合適用之會計標準。

營業額

營業額代表販售給顧客之商品和服務而收取之包含稅金的淨額。

攤銷

攤銷用於無形固定資產，在預期有效經濟生命週期間，以扣除任何預估的剩餘價值來降低成本，例如：商譽──分 5 年，以直線法攤銷。

折舊

折舊用於有形固定資產，在預期有效經濟週期間，以扣除任何預估的剩餘價值來降低成本或價值，例如：

短期租賃不動產	在租賃期間以直線法進行折舊
店面設備	以每年 20% 的速度減少價值
店面開幕成本	從開幕起算，在租賃期間以直線法進行折舊
電腦和辦公設備	以每年 20%的速度減少成本或是以每年 20% 的速度減少價值

商譽

商譽是取得企業之公平價格與該企業可確認之資產與負債公平價格間的差額。

呈現正數的商譽是在資產負債表中資本化並歸類於資產的項目，在使用期間，以直線法進行攤銷。如有相關事件或環境變動指出商譽之帳面價值有無法回復之可能，減損狀況評估將於取得商譽後之首個完整會計年度截止日和其他期間進行。

存貨

存貨以最低成本和淨變現價值記之，扣除過期和迴轉緩慢之存貨。淨變現價值根據銷售價格減去完成銷售之預估成本與銷售成本計算。

遞延稅金

遞延稅金是所有會計目的與特定課稅項目處理之時間差異產生之認列，此金額未經折現。而於財務報表日期已產生未回轉之金額不在認列範圍。

當預期時間差異將產生回轉，遞延稅金評價依據資產負債表日之稅率與施行法律，依期間預期採用稅率進行評估。

外國貨幣

以外國貨幣進行列於損益表中之交易，以交易日期之當日匯率換算為英鎊入帳。以外幣計價之貨幣性資產和負債以資產負債表日期之收盤價換算英鎊入帳，匯差認列於損益表中。

營運租賃

營運租賃下之應付租金在租賃期間以直線法列於損益表中。

營運租賃優惠以直線法認列，為租賃期間縮短與首次租賃評估期間以市場租金支付而取得之租金費用抵減。

附帶保留權的商品採購

附帶保留權的商品採購視為採購的一種，任何相關的負債包含於應付帳款項目中，與未附保留權採購之處理方式相同。部分交易應付帳款因此獲得擔保，但其中涉及的金額無法合理地量化。

雇主提撥退休金制度 （EFRBS）

本年度公司實行了雇主提撥退休金制度，對象為公司的職員、雇員以及家屬，稱之為好生意股份有限公司雇主提撥退休金制度。

依據緊急事務小組摘要第 32 項之員工福利信託和其他中期付款準備，在認定制度之資產無法保有任何未來之經濟價值，不具有取得未來經濟利益之控制權或其他途徑，公司不需將與制度相關之資產和負債列入資產負債表。

融資工具

融資工具根據合約內容分類和解釋為金融資產、金融負債或權益工具。權益工具是任何載明公司資產扣除所有負債之剩餘利益之合約。

2. 營業額

公司當年度的所有營業額來自完全於英國執行之主要營業活動。

3. 其他營業收入

	20X2 英鎊	20X1 英鎊
應收租金	13,688	36,500

4. 營業淨利

以下說明營業淨利為稅後金額。

	20X2 英鎊	20X1 英鎊
不動產租金	9,047,924	7,823,001
其他資產租用——營運租賃	73,261	82,157
公司年度報表查核	20,000	13,000
會計師酬勞——非查核服務	3,500	1,335
處分有形固定資產損失	39,297	1,901
固定資產折舊	1,711,451	1,288,976
商譽攤銷	27,000	27,000
雇主提撥退休金制度負擔金	1,000,200	-

5. 員工

本年度公司平均僱用人數（包含董事）如下，以類別來分析：

	20X2 英鎊	20X1 英鎊
銷售	1,437	1,100
倉庫	90	75
	1,527	1,175

上述人力之總計薪資成本如下：

	20X2 英鎊	20X1 英鎊
工資和薪水	13,195,392	9,650,974
社會保險成本	830,785	615,388
雇主提撥退休金制度負擔金	1,000,200	-
	15,026,377	10,266,362

6. 董事酬金

本年度董事酬金如下：

	20X2 英鎊	20X1 英鎊
董事酬金（包含各類利益）	26,000	26,000
雇主提撥退休金制度	1,000,200	-

　　酬金加上長期獎金方案，支付金額最高的董事之總計可領金額為 13,500 元（20X1 年的金額是 13,500 元）。為董事繳納之雇主提撥退休金制度負擔金為 1,000,200 元。

　　為了激勵公司的員工，本年度公司實行了雇主提撥退休金制度，對象為公司的職員、雇員以及家屬。本年度之退休金制度負擔金包含上述所提及的好生意股份有限公司所繳納之雇主提撥退休金制度負擔金 1,000,200 元。

7. 應付利息和類似費用

	20X2 英鎊	20X1 英鎊
銀行應付利息	108,962	206,681
其他應付利息	12,775	-
融資費用	-	(9,564)
	121,737	197,117

8. 稅金

當期稅金費用分析

	20X2 英鎊	20X1 英鎊
當期稅金		
所得稅費用	445,000	540,000
前年度（高估）/ 低估數	19,555	(4,501)
英國所得稅	464,555	535,499
遞延稅金		
時間差距之起始與取消	75,000	(25,000)
一般營業活動淨利稅金	**539,555**	**510,499**

影響當期稅金費用因素

當年度一般營業活動淨利之課徵稅金（20X1 年情況亦同）高於
英國公司稅標準稅率 28%（20X1 年稅率為 28%）。

差額調節如下：

	20X2 英鎊	20X1 英鎊
稅前一般營業活動淨利	1,182,497	1,361,338
標準公司所得稅費用	331,099	381,175
未因稅收目的而扣除之費用（包含商品）	5,706	14,930
當期折舊資本抵減		
	(98,679)	7,615
處分不符合要件資產之折舊和損失	202,978	135,379
前期（高估）/ 低估數	19,555	(4,501)
四捨五入差額	3,896	1,417
符合資金準備之收入項目	-	(516)
當期稅金總計	**464,555**	**535,499**

9. 股利

	20X2 英鎊	20X1 英鎊
股利支付	15,300	13,200

10. 無形固定資產

	商譽 英鎊
成本	
20X1 年 4 月 1 日和 20X2 年 3 月 31 日	135,000
攤銷	
20X1 年 4 月 1 日	54,000
當年度費用	27,000
20X2 年 3 月 31 日	81,000
淨帳面價值	
20X1 年 3 月 31 日	54,000
20X2 年 3 月 31 日	81,000

11. 有形固定資產

	短期租賃土地和建築物	設備	汽車	汽車	電腦和辦公設備	總計
	英鎊	英鎊	英鎊	英鎊	英鎊	英鎊
成本						
20X1 年 4 月 1 日	1,074,357	8,533,143	9,901	374,512	708,351	10,700,264
增加	468,224	2,973,098	-	492,259	109,367	4,042,948
處分	(76,828)		-	-	-	(76,828)
20X2 年 3 月 31 日	1,465,753	11,506,241	9,901	866,771	817,718	14,666,384
折舊						
20X1 年 4 月 1 日	250,132	4,095,532	2,759	-	537,952	4,886,375
處分扣除	(37,531)	-	-	-	-	(37,531)
年度費用	127,031	1,408,744	1,785	98,943	74,948	1,711,451
20X2 年 3 月 31 日	339,632	5,504,276	4,544	98,943	612,900	6,560,295
淨帳面價值						
20X1 年 3 月 31 日	824,225	4,437,611	7,142	374,512	170,399	5,813,889
20X2 年 3 月 31 日	1,126,121	6,001,965	5,357	767,828	204,818	8,106,089

12. 存貨和在製品

	20X2 英鎊	20X1 英鎊
存貨	10,207,876	7,009,427

13. 應收帳款

	20X2 英鎊	20X1 英鎊
交易應收帳款	536,689	117,024
關係企業欠款	323,692	314,530
其他應收帳款	73,388	176,058
預付款和應計收入	1,010,955	670,994
	1,944,724	1,278,606

14. 應付帳款：一年內到期之款項

	20X1 英鎊	20X1 英鎊
銀行貸款與透支	7,242,347	5,648,970
交易應付帳款	7,616,562	5679226
公司所得稅	1,004,556	540,991
社會保險和其他稅金	315,253	402,246
其他應付帳款	316,489	205,060
董事活期存款	8,891	1,119
應計款和遞延收入	1,893,945	460,425
	18,398,043	12,938,037

15. 貸款擔保品

銀行貸款以公司資產為擔保品的抵押債券作為保證。

16. 負債準備

	遞延稅金準備 英鎊
20X1 年 4 月 1 日	240,000
提列於損益表之遞延稅金準備	75,000
20X2 年 3 月 31 日	315,000

遞延稅金

遞減稅金之稅率為 28%（20X1 年之稅率為 28%）

	20X2 英鎊	20X1 英鎊
加速資本抵減	315,000	240,000

17. 股本

	20X2 英鎊	20X1 英鎊
已分配、已發行之實收股本		
普通股，每股 1 元	80,000	80,000

18. 準備金

	股份溢價準備 英鎊	損益準備 英鎊	總計
20X1 年 4 月 1 日餘額	420,000	3,103,380	3,523,380
當前度自損益表轉入金額	-	642,942	642,942
股利	-	(153,000)	(153,000)
20X2 年 3 月 31 日餘額	420,000	3,593,322	4,013,322

19. 股東權益變動調節

	20X2 英鎊	20X1 英鎊
公司股東盈餘分配	642,942	850,839
股利	(153,000)	(132,000)
	489,942	718,839
期初股東權益	3,603,380	2,884,541
期末股東權益	4,093,322	3,603,380

20. 營運租賃承諾

	土地和建築物		其他	
	20X2 英鎊	20X1 英鎊	20X2 英鎊	20X1 英鎊
一年內	112,083	367,000	28,912	-
二到五年	1,219,367	716,500	47,457	75,017
五年以上	8,417,888	6,738,188	-	-
	9,749,338	7,821,688	76,369	75,017

21. 營業淨利相關之營運現金流量調節

	20X2 英鎊	20X1 英鎊
營業淨利	1,301,499	1,549,648
折舊、攤銷、減損費用	1,738,451	1,315,976
處分固定資產損失	39,297	1,901
存貨增加	(3,198,449)	(1,284,305)
應收帳款 (增加)/ 減少	(666,118)	100,151
應付帳款增加	3,403,064	1,339,987
營業活動現金流入淨額	**2,617,744**	**3,023,358**

22. 現金流量分析

	20X2 英鎊	20X1 英鎊
投資報酬和融資服務		
分期付款利息支付	-	9,564
其他利息支付	(121,737)	(206,681)
利息收入	2,735	8,807
	(119,002)	(188,310)

	20X2 英鎊	20X1 英鎊
稅金		
稅金支付	(990)	(499,508)

23. 負債淨額分析

	期初 英鎊	現金流量 英鎊	期末 英鎊
銀行及存貨現金	2,598,495	(104,819)	2,493,676
銀行透支	(5,648,970)	(1,593,377)	(7,242,347)
現金和銀行資金淨額	(3,050,475)	(1,698,196)	(4,748,671)
負債變動	-	-	-
負債淨額	(3,050,475)	(1,698,196)	(4,748,671)

24. 關係人

控制者

公司由持有 80% 以上實收股本之股東控制。

關係人交易

於今年年底，公司向學習股份有限公司取得的無息貸款餘額 323,692 元（20X1 年的貸款餘額為 313,564 元）。學習股份公司由本公司董事 A・萊恩先生和董事 P・萊恩先生共同控制。

於今年年底，向公司股東之一，小 A・萊恩先生之借款為 55,696 元。

董事預付款

下表對董事的欠款金額需於今年底進行償付。

	20X2 英鎊	20X1 英鎊
A・萊恩先生	1,455	188
P・萊恩先生	7,436	931
	8,891	1,119

上述金額不需額外支付利息。

附錄 C
簡易公開財務報表範本

註冊編號：**12345678**（英格蘭和威爾斯）

樂股份有限公司

未經查核財務報表

會計年度 **20X2** 年 **12** 月 **31** 日

樂股份有限公司（註冊編號：12345678）

財務報表目錄

會計年度結束日期：20X2 年 12 月 31 日

樂股份有限公司（註冊編號：12345678）

公司簡介

會計年度結束日 20X2 年 12 月 31 日

董事：	A・史密斯
	B・布朗
公司登記：	停工世界
	和利市
	西約克郡
	AB9 8CD

樂股份有限公司（註冊編號：12345678）

資產負債表

20X2 年 12 月 31 日

	註	31.12.20X2 英鎊	31.12.20X1 英鎊
流動資產			
應收帳款		2,431	6,211
總資產減流動負債		2,431	6,211
資金和準備			
催繳股本	2	100	100
股東權益		2,531	6,311

依據 2006 年公司法第 480 條，公司得於會計年度結束日 20X2 年 12 月 31 日免除財務報表查核。

股東未要求查核 20X2 年 12 月 31 日財務報表，合乎 2006 年公司法第 476 條之規範。

董事應盡職責如下：

a 確保公司依循 2006 年公司法第 386 條和第 387 條之規定，持續進行會計記錄

b 依照 2006 年公司法第 294 條和 395 條，以及相關條文的要求，以正確與公允的角度，提出各個財務年度結束時之公司事務狀況與該財務年度之獲利表現。

財務報表的編製符合 2006 年公司法第 15 部分中有關於小型公司的特殊條款。

財務報表於 20X3 年 3 月經過董事會同意，由以下董事代表簽署：

A · 史密斯

本財務報表附有財務報表附註。

樂股份有限公司（註冊編號：12345678）
財務報表附註
會計年度結束日 20X2 年 12 月 31 日

1. 會計政策

會計準則
財務報表依照歷史成本會計原則編製，符合財務報導準則中針對小型企業之規定（2008 年 4 月生效）

本公司在今年與去年均處於暫停營業活動的狀態。

股利
股權股利於依法需配發時認列，經過股東同意後始得認列。

2. 實收股本

已分配、已發行之實收股本。

編號	等級	票面價值	31.12.20X2 英鎊	31.12.20X1 英鎊
1	普通股	£ 1	100	100

3. 最終母公司

本公司為俄納樂公司的子公司。俄納樂公司是登記設立於英格蘭和威爾斯的最終母公司。

附錄 D
預算範本

20X1 年 預算

（最終版）

於 20X1 年提報

＊＊20X1 年 預算
詳細營運報告

	預算 20X0	預估 20X0 (Oct 2010)	預算 20X1	一月	二月	三月	四月	五月	六月	七月	八月	九月	十月	十一月	十二月
銷售合計	3,955.00	4,589.40	4,336.00	356.87	356.87	392.56	321.19	356.87	374.72	374.72	392.56	374.72	374.72	392.56	267.65
工作天	244	244	243	20	20	22	18	20	21	21	22	21	21	22	15
每日銷售				17.84	17.84	17.84	17.84	17.84	17.84	17.84	17.84	17.84	17.84	17.84	17.84
銷貨成本															
直接料成本	1,532.56	2,236.98	1,601.26	131.79	131.79	144.97	118.61	131.79	138.38	138.38	144.97	138.38	138.38	144.97	98.84
直接勞力成本	454.56	448.36	461.18	37.96	37.96	41.75	34.16	37.96	39.85	39.85	41.75	39.85	39.85	41.75	28.47
運費	-	233.98	234.17	19.27	19.27	21.20	17.35	19.27	20.24	20.24	21.20	20.24	20.24	21.20	14.45
移動	166.47	189.85	191.85	15.72	15.72	17.24	14.97	16.08	16.49	16.49	17.24	16.43	16.43	17.19	11.87
銷貨成本合計	2,153.59	2,641.04	2,488.46	204.74	204.75	225.17	185.09	205.10	214.96	214.96	225.16	214.90	214.90	225.11	153.63
毛利	1,801.41	1,948.36	1,847.54	152.13	152.13	167.39	136.10	151.77	159.76	159.76	167.40	159.82	159.82	167.45	114.02
	45.5%	42.5%	42.6%	42.6%	42.6%	42.6%	42.4%	42.5%	42.6%	42.6%	42.6%	42.7%	42.7%	42.7%	42.6%
努力成本佔銷貨費用 %	11.5%	9.8%	10.6%	10.6%	10.6%	10.6%	10.6%	10.6%	10.6%	10.6%	10.6%	10.6%	10.6%	10.6%	10.6%
銷售與分配															
交通費	13.73	13.72	15.92	1.26	1.26	1.26	1.26	1.26	1.26	1.26	1.86	1.26	1.26	1.51	1.19
出差/交際費	16.72	17.43	18.48	1.58	3.08	2.88	2.63	1.38	1.28	0.38	0.38	1.43	2.08	1.28	0.08
廣告	43.09	47.77	14.24	1.56	0.88	0.88	0.88	0.88	1.63	1.63	1.63	1.63	0.88	0.88	0.88
導輸	12.00	12.00	12.00	1.00	1.00	1.00	1.00	1.00	1.00	1.00	1.00	1.00	1.00	1.00	1.00
佣金	13.50	6.92	6.08	0.51	0.51	0.51	0.51	0.51	0.51	0.51	0.51	0.51	0.51	0.51	0.51
合計	99.03	97.62	66.72	5.91	6.73	6.53	6.28	5.03	5.68	4.78	5.38	5.83	5.73	5.18	3.67
管理費用															
利息	14.49	13.44	13.56	1.27	0.20	0.20	1.32	1.32	1.32	1.32	1.32	1.32	1.32	1.32	1.32
保險	26.17	24.07	23.94	1.99	1.99	1.99	1.99	1.99	1.99	1.99	1.99	1.99	1.99	1.99	2.03
修繕	24.00	42.16	31.35	3.87	2.42	3.02	3.18	3.72	1.72	2.40	1.72	3.36	1.72	1.72	2.49
電	25.05	24.71	23.62	1.94	1.94	2.13	1.84	1.94	2.03	2.03	2.13	2.03	2.03	2.13	1.45
健康保險	6.81	6.16	6.28	0.52	0.52	0.52	0.52	0.52	0.52	0.52	0.52	0.52	0.52	0.52	0.52
員工薪資	294.69	322.36	320.84	26.74	26.74	26.74	26.74	26.74	26.74	26.74	26.74	26.74	26.74	26.74	26.74
分紅	19.94	30.80	32.72	2.73	2.73	2.73	2.73	2.73	2.73	2.73	2.73	2.73	2.73	2.73	2.73
員工退休金	31.80	34.11	36.80	3.05	3.05	3.05	3.07	3.07	3.07	3.07	3.07	3.07	3.07	3.07	3.07
郵務費	52.06	51.86	58.45	4.87	4.87	4.87	4.87	4.87	4.87	4.87	4.87	4.87	4.87	4.87	4.87
文具	7.57	6.19	7.45	0.50	0.50	0.73	0.50	0.50	1.23	0.50	0.50	0.73	0.50	1.06	0.73
電信費	8.07	8.72	8.78	0.55	1.06	0.55	0.54	0.54	0.55	0.55	0.54	0.74	0.54	0.54	0.55
審計/會計服務費	6.00	6.20	6.50	0.54	0.54	0.54	0.54	0.54	0.54	0.54	0.54	0.54	0.54	0.54	0.54
資訊支援	12.00	12.18	13.20	1.10	1.10	1.10	1.10	1.10	1.10	1.10	1.10	1.10	1.10	1.10	1.10
品質控管成本	6.60	22.87	6.12	0.51	0.51	0.51	0.51	0.51	0.51	0.51	0.51	0.51	0.51	0.51	0.51
招聘成本	19.81	23.06	19.37	1.61	1.61	1.61	1.61	1.61	1.61	1.61	1.61	1.61	1.61	1.61	1.61
員工訓練	3.89	3.25	3.03	0.15	0.13	0.15	0.13	0.13	0.40	0.13	0.13	0.13	0.13	0.13	0.13
運費	3.60	14.49	1.80	0.13	0.15	0.13	0.15	0.15	0.15	0.15	0.15	0.15	0.15	0.15	0.15
出差福利	12.00	3.13	6.03	1.38	0.40	0.65	0.40	0.40	0.40	0.40	0.40	0.40	0.40	0.40	0.40
差旅費	(1.50)	(6.24)	12.00	1.00	1.00	1.00	1.00	1.00	1.00	1.00	1.00	1.00	1.00	1.00	1.00
銀行服務費	21.21	20.52	23.26	1.92	1.92	1.98	1.92	1.92	1.98	1.92	1.92	1.98	1.92	1.92	1.97
雜費	16.86	17.76	16.47	1.35	1.06	1.74	1.06	0.86	1.74	0.74	0.86	3.42	1.16	0.74	1.74
合計	615.63	680.28	671.56	57.72	54.44	55.94	55.74	56.69	56.20	54.83	54.88	58.95	54.57	55.96	55.65

項目															
折舊															
自有建築	15.59	15.59	15.59	1.30	1.30	1.30	1.30	1.30	1.30	1.30	1.30	1.30	1.30	1.30	1.30
商標成本	13.55	11.72	10.91	0.73	0.73	0.73	0.73	0.73	0.73	1.04	1.04	1.04	1.04	1.04	1.04
電腦設備	73.67	64.44	70.39	5.21	5.21	5.21	5.21	5.21	5.21	5.21	5.21	6.79	6.79	6.79	6.79
廠房機器	6.79	5.52	7.18	0.60	0.60	0.60	0.60	0.60	0.60	0.60	0.60	0.60	0.60	0.60	0.60
設備		2.19	3.27	0.27	0.27	0.27	0.27	0.27	0.27	0.27	0.27	0.27	0.27	0.27	0.27
汽車															
營業費用合計	109.60	99.46	107.34	8.10	8.10	8.10	8.10	8.10	8.10	8.42	8.42	10.00	10.00	10.00	10.00
其他營業收入	824.26	877.36	845.62	71.73	69.27	70.57	70.11	69.82	70.30	68.03	70.26	74.78	70.30	71.14	69.31
營業淨利	977.15 24.7%	1,071.00 23.3%	1,001.92 23.1%	80.40 22.5%	82.86 23.2%	96.82 24.7%	65.98 20.5%	81.95 23.0%	89.46 23.9%	91.73 24.5%	97.14 24.7%	85.04 22.7%	89.52 23.9%	96.31 24.5%	44.71 16.7%
利息															
銀行／貸款利息	27.70	24.39	17.29	1.91	1.91	1.51	1.57	1.50	1.49	1.42	1.38	1.31	1.30	1.24	1.23
分期付款利息	2.06	0.97													
扣除利息收入	29.77	25.36	17.29	1.91	1.91	1.51	1.57	1.50	1.49	1.42	1.38	1.31	1.30	1.24	1.23
商譽攤銷	29.77	25.36	17.29	1.91	1.91	1.51	1.57	1.50	1.49	1.42	1.38	1.31	1.30	1.24	1.23
稅前淨利	176.92	176.92	176.92	14.74	14.74	14.74	14.74	14.74	14.74	14.74	14.74	14.74	14.74	14.74	14.74
稅金	770.47 19.5%	868.72 18.9%	807.72 18.6%	63.74	66.61	80.51	49.74	65.72	73.29	75.57	81.02	68.98	73.48	80.33	28.74
稅後淨利	270.40	292.06	259.38	21.16	22.01	26.15	16.35	20.94	23.12	23.78	25.34	21.88	23.18	25.15	10.31
股利分配	500.07 12.6%	576.66 12.6%	548.34 12.6%	42.58	44.59	54.36	33.39	44.77	50.17	51.79	55.68	47.10	50.30	55.18	18.42
期間保留盈餘	357.82	408.34	408.34	11.08	11.08	11.08	11.08	11.08	11.08	11.08	11.08	11.08	11.08	11.08	286.46
設定目標	142.25	320.84	140.00	31.50	33.51	43.28	22.31	33.69	39.09	40.71	44.60	36.02	39.22	44.10	(268.04)
	140.00	140.00	140.00												
息稅折舊攤銷前盈餘	1,086.75 27.5%	1,170.45 25.5%	1,109.26 25.6%	88.50 24.8%	90.96 25.5%	104.92 26.7%	74.09 23.1%	90.06 25.2%	97.88 26.1%	100.14 26.7%	107.14 27.3%	95.04 25.4%	99.52 26.6%	106.31 27.1%	54.71 20.4%

**20X1 年 預算
資產負債表

	一月 仟英鎊	二月 仟英鎊	三月 仟英鎊	四月 仟英鎊	五月 仟英鎊	六月 仟英鎊	七月 仟英鎊	八月 仟英鎊	九月 仟英鎊	十月 仟英鎊	十一月 仟英鎊	十二月 仟英鎊
固定資產毛額	1,723	1,723	1,723	1,723	1,723	1,734	1,734	1,810	1,810	1,810	1,810	1,810
累計折舊	945	954	962	971	980	989	997	1,006	1,014	1,023	1,031	1,040
有形固定資產淨帳面價值	778	769	761	752	743	745	737	804	796	787	779	770
商譽	3,446	3,446	3,446	3,446	3,446	3,446	3,446	3,446	3,446	3,446	3,446	3,446
攤銷	2,045	2,060	2,075	2,089	2,104	2,119	2,134	2,148	2,163	2,178	2,193	2,207
子公司持股	-	-	-	-	-	-	-	-	-	-	-	-
	1,401	1,386	1,371	1,357	1,342	1,327	1,312	1,298	1,283	1,268	1,253	1,239
長期資產	2,179	2,155	2,132	2,109	2,085	2,072	2,050	2,102	2,079	2,055	2,033	2,009
現金	141	252	307	385	438	525	613	596	416	531	587	406
應收帳款	806	797	824	786	772	805	832	858	858	849	866	753
其他應收帳款 / 預付款	48	46	44	48	46	44	46	44	42	40	38	36
存貨	985	965	944	927	908	887	867	846	826	805	784	770
流動資產	1,980	2,060	2,119	2,145	2,163	2,262	2,358	2,345	2,142	2,226	2,275	1,964
應付帳款	(363)	(423)	(377)	(359)	(347)	(364)	(371)	(380)	(381)	(374)	(381)	(329)
銀行貸款與透支	-	-	-	-	-	-	-	-	-	-	-	-
期間貸款 - 小於 12 個月	(155)	(155)	(155)	(142)	(129)	(116)	(103)	(90)	(77)	(64)	(51)	(38)
抵押貸款 - 小於 12 個月	(50)	(50)	(50)	(50)	(50)	(50)	(50)	(50)	(50)	(50)	(50)	(50)
薪資應付款（預扣所得稅）	(25)	(25)	(25)	(25)	(25)	(25)	(25)	(25)	(25)	(25)	(25)	(25)
其他應付款（加值稅＋應計費用）	(133)	(91)	(121)	(120)	(88)	(112)	(131)	(108)	(133)	(155)	(122)	(115)
分期付款應付費用	-	-	-	-	-	-	-	-	-	-	-	-
應付貨款	(313)	(335)	(361)	(378)	(399)	(422)	(446)	(471)	(201)	(224)	(249)	(259)
流動負債	(1,039)	(1,079)	(1,089)	(1,073)	(1,038)	(1,089)	(1,126)	(1,124)	(867)	(892)	(879)	(817)
淨營運資金	941	981	1,030	1,072	1,125	1,173	1,232	1,220	1,275	1,333	1,396	1,148
資產合計減流動負債	3,120	3,136	3,162	3,181	3,210	3,245	3,282	3,322	3,354	3,389	3,429	3,157
期間貸款 - 小於 12 個月	(26)	(13)	(0)	-	-	-	-	-	-	-	-	-
電腦貸款	-	-	-	-	-	-	-	-	-	-	-	-
商業抵押貸款	(308)	(304)	(300)	(295)	(291)	(287)	(283)	(279)	(275)	(270)	(266)	(262)
長期負債合計	(334)	(317)	(300)	(295)	(291)	(287)	(283)	(279)	(275)	(270)	(266)	(262)
遞延稅金	(40)	(40)	(40)	(40)	(40)	(40)	(40)	(40)	(40)	(40)	(40)	(40)
負債及費用準備金	-	-	-	-	-	-	-	-	-	-	-	-
淨資產	2,746	2,779	2,823	2,845	2,879	2,918	2,959	3,003	3,039	3,078	3,122	2,854
資金來源												
普通股	(100)	(100)	(100)	(100)	(100)	(100)	(100)	(100)	(100)	(100)	(100)	(100)
重估增值	(150)	(150)	(150)	(150)	(150)	(150)	(150)	(150)	(150)	(150)	(150)	(150)
保留盈餘 - 前一年度	(2,464)	(2,464)	(2,464)	(2,464)	(2,464)	(2,464)	(2,464)	(2,464)	(2,464)	(2,464)	(2,464)	(2,464)
保留盈餘 - 本年度	(32)	(65)	(108)	(131)	(164)	(203)	(244)	(289)	(325)	(364)	(408)	(140)
股東權益總計	(2,746)	(2,779)	(2,823)	(2,845)	(2,879)	(2,918)	(2,959)	(3,003)	(3,039)	(3,078)	(3,122)	(2,854)

**20X1 年 預算
現金流量表

項目	一月	二月	三月	四月	五月	六月	七月	八月	九月	十月	十一月	十二月	總計
股利分配前保留盈餘	43	45	54	33	45	50	52	56	47	50	55	18	548
利息	2	2	2	1	1	1	1	1	1	1	1	1	17
折舊	8	9	8	9	9	9	8	9	8	9	8	9	103
攤銷	15	15	15	15	15	15	15	15	15	15	15	15	177
營業流入現金	67	70	79	59	70	75	76	81	71	75	79	43	846
應收帳款	19	9	(27)	39	14	(34)	(27)	(26)	0	9	(17)	113	71
存貨	19	19	21	17	19	20	20	21	20	20	21	14	234
應付帳款	(19)	60	(46)	(18)	(11)	17	7	9	1	(7)	7	(53)	(53)
薪資應付款	7	—	—	—	—	—	—	—	—	—	—	—	7
其他應付帳款	(3)	(42)	30	(1)	(32)	25	19	(23)	24	22	(33)	(7)	(21)
預付費用	(12)	2	2	(4)	2	2	(2)	2	3	2	3	3	1
應付稅金	21	22	26	16	21	23	24	25	(270)	23	25	10	(33)
營運資金現金入現金	32	70	6	49	13	53	41	8	(222)	69	6	80	206
固定資產增加	99	140	85	108	83	128	117	89	(151)	144	85	123	1,052
拋售	(15)	—	—	—	—	(11)	—	(76)	—	—	—	—	(102)
資本和營業現金	84	140	85	108	83	117	117	13	(151)	144	85	123	949
財務和營機構預估變動輔助													
分期付款利息	(2)	(2)	(2)	(1)	(1)	(1)	(1)	(1)	(1)	(1)	(1)	(1)	(17)
銀行／貸款利息	(2)	(2)	(2)	(1)	(1)	(1)	(1)	(1)	(1)	(1)	(1)	(1)	(17)
利息費用總計	(13)	(13)	(13)	(13)	(13)	(13)	(13)	(13)	(13)	(13)	(13)	(13)	(155)
長期負債償還	—	—	—	—	—	—	—	—	—	—	—	—	—
電腦貸款償還	(4)	(4)	(4)	(4)	(4)	(4)	(4)	(4)	(4)	(4)	(4)	(4)	(50)
商業抵押貸款償還	(11)	(11)	(11)	(11)	(11)	(11)	(11)	(11)	(11)	(11)	(11)	(286)	(408)
股利分配	(28)	(28)	(28)	(28)	(28)	(28)	(28)	(28)	(28)	(28)	(28)	(304)	(614)
資金變動淨額	54	110	55	78	53	87	88	(16)	(180)	115	56	(181)	318
期初現金	87	141	252	307	385	438	525	613	596	416	531	587	
期末現金	141	252	307	385	438	525	613	596	416	531	587	406	406
股利分配後現金流量	73	129	74	97	72	106	106	2	(162)	133	74	(163)	541
累積股利分配後現金流量	73	202	276	373	444	550	656	659	497	630	704	541	541
負債總計	19	19	18	19	19	18	19	18	19	18	18	18	223
累積	19	38	56	75	94	112	131	149	168	186	204	223	
保障倍數	385%	537%	490%	497%	475%	491%	502%	441%	296%	339%	344%	243%	
銀行契約規定目標													**101%**

附錄 E
健康檢查報告格式範本

健康檢查報告

公司名稱 _____

訪談人員 _____

製表人員 _____

製表日期 _____

_____

_____

_____

_____

_____

_____

查核資料影本（清單檢附於報告中）

公司 / 部門評估結果摘要

重要議題陳述

組織和個人

公司所有權

保險

財產

智慧財產

訴訟

稅務

損益表和現金流量表

資產負債表 / 董事會會議

銷售

競爭者

產品，服務和顧客

獲利和營運費用管理

其他

優先執行清單

執行內容	執行日期	執行者

查核資料影本

保險	政策	報表	人資	財務	其他項目

附錄 F
財務和投資術語字彙表

Accrued expense 應計費用

應計費用就是還沒有收到發票的應支付費用。可能包含：發薪日前的應付員工薪水、還沒有出帳的水電瓦斯費、已經到期還未支付的利息等等。

Accumulated Depreciation 累計折舊

累計折舊代表了反映固定資產因著耗損或是老舊而造成的使用價值下降之總計金額。這個數字會被加入每一期的計算中，因此把它稱為「累計」。

Administrative Expense 管理費用

管理團隊的薪水、辦公室員工薪水、辦公室費用、資金、電話、水電瓦斯費等等。

Asset 資產

一個組織所擁有的有價物品，或是借出去的有價物品。

Asset turnover ratio 資產周轉率

資產周轉率是用來評估組織有沒有妥善使用它的資產的好方法。這個比率的計算方式是把淨銷售額除以所有資產。比率越高，

代表這個組織使用資產獲得銷售收入的能力越好。

Balance sheet 資產負債表

資產負債表呈現了公司在某一個特定時間點的財務狀況。資產那一邊的金額會等於另一邊包含負債和股東權益的金額。

Balance sheet equation 資產負債表等式

資產負債表等式說明了公司的資產一定要等於公司對外宣稱的價值。這個價值等於公司欠的金額，再加上公司所有人資金中不包含投入資產的金額。資產 ＝ 負債 ＋ 股東權益。

Bid 出價

股份潛在買主提出的價格。

Blue chip 績優股

穩定度高、獲利性強而且知名的公司股票，這些公司長期以來都有穩定的收入和股利分配。

Bond 債券

債券代表債券發行人欠債券購買人的債務。

Broker 經紀人

在買方與賣方之間扮演中間協調角色的個人或是公司。

Bull 多頭買主

認為股價或是股票市場行情看漲的投資者。

Bull Market 牛市

股價長期上漲。

Buy-and-hold strategy 長抱策略

因為相信長期來看的股票價值會增加，因而長期持有股票。這個策略將交易成本降到最低，並且可以避免因為短暫下跌而產生的賣股行為。

Buyback 買回

公司買回自己的股票。

Call 買權

允許擁有買權的人，在某個特定日期前用指定的價格購買某個資產的選擇權。

Capital 資金

在企業中由個人、合夥人或是公司擁有、使用或是累積，形式為現金或是不動產的財富。資金就是各種能夠被用來創造更多財富的財產。

Capital gain 資本利得

資產售出價格超過取得成本的金額就是資本利得。

Capital gain tax 資本利得稅

針對賣出資產所獲得的資本利得課徵的稅金。

Cash 現金

鈔票和零錢。隨手可取得的其他國家貨幣也被視為是一種兌換現金的工具。

Cash flow statement 現金流量表

現金流量表說明了在報告期間，現金從哪裡來，怎麼花掉，以及公司持有的現金在這段期間增加會減少的淨額。

Cash receipt 現金收款

在報告期間，公司收到的所有現金。

Cash receipt from borrowing 借貸現金收款

公司向銀行等借貸資源貸款而取得的現金。

Close 收盤價

股票交易的最後價格，或是在交易期間最後股價的平均價格。

Company 公司

與企業主切割開，擁有自己權利和義務的企業。有時候會稱為「法人」。

Convertible security 可轉換證券

可以轉換成其他證券的股份。舉例來說，可以轉換成普通股的可轉換特別股。

Cost of sales 銷貨成本

製造產品或提供服務的成本。原料、勞力和任何其他與製造產品或提供服務直接相關的製造成本金額。

Coupon 息票

依據證券面額計算，支付給債務債券的年度利率。

Creditor 應付帳款

公司已經收到發票，卻還沒有支付的金額。應付帳款的支付對象是公司通常向他們購買商品和服務的廠商。

Current assets 流動資產

現金以及其他在近期，也就是一年內，可以變成現金的資產，

Current liabilities 流動負債

所有在 12 個月之內到期的負債。

Current ratio 流動比率

總計流動資產除以總計流動負債的數值。這是一個衡量公司在短期內償還負債能力的方法。流動比率在 1~2 之間是比較好的狀態。

Current yield 當期收益率

以從投資期望獲得的每年現金收入除以投資目前市場價格所得出的報酬率。

Debt to equity ratio 負債淨值比

總計負債除以總計股東權益。這是一個說明有多少錢是借來的，有多少錢是投資來的比率。這個比率能夠協助判斷公司是不是有太多還不起的負債。

Debtors 應收帳款

已經開立發票給顧客，但還沒有收回的款項。

Deed 契約

在進行財產股份所有權轉移時所簽署的正式文件。

Deferred tax 遞延稅金

由政府提供的暫時減稅優惠，但這筆稅金終究還是必須要繳納。

Depreciation and amortization 折舊和攤銷

折舊是一個資產因為使用而造成的價值下降。攤銷是像是專利的無形資產的價值減低。

Discount 折價

股票的市場價格或是公司債券低於其面額的金額。

Diversification 多元化

把錢分散投資在不同風險甚至是不相關類型的公司或是投資標的中。

Dividend 股利

從獲利中分配給股東的金額。

Earnings per share ratio 每股盈餘

每股盈餘等於淨收入除以公司發行股數。這個比率是不錯的公司獲利能力指標。

Equity 股權

股東在公司中擁有的財務股份。

Financial ratio 財務比率

用財務報表中不同數字所建構而成的比率。它們被用來評估公司在財務方面的強項與弱點。

Financial year 會計年度

會計年度的定義是一段由 12 個連續月份，52 個連續星期，13 個連續的 4 週期間或是 365 個連續日子所組成的期間，在這個期間之後，會計年度就會結束。會計年度不一定會從某個曆年開始或結束。

Fixtures and fittings 設備

指的是公司擁有的設備，例如：招牌、架子、桌子和椅子等等。

Float 流通

原來是由私人持有，首次公開的公司股份發行。

Gross margin 毛利

銷售額減掉銷貨成本。叫做「毛額」的原因是，它排除了在計算淨利時，所需要考慮其他類型的成本。

Income tax 所得稅

這是政府針對公司的獲利所課徵的稅金。

Income tax payable 應付所得稅

應該繳給稅務機關，但還沒有繳交的稅金。

Increase or decreese in cash for the year 年度現金增加或減少

從報告期間開始到結束，公司擁有的現金增加或減少淨額。也就是現金收入減掉現金支付。

Inflation 通貨膨脹

和產品或服務供給有關的價格增加。

Initial Public Offering 首次公開發行

公司第一次公開提供股份購買。

Institutional investor 機構投資人

投資金額很高的組織。例如：銀行信託部門、保險公司、創業投資或是私募基金。

Intangibles 無形資產

沒有實體但卻對公司有實際價值的資產。例如：專利或是獨家。

Interest 利息

因為用錢而需付的錢，通常會用時間單位的百分比率表示。例如：使用 1,000 元每年需要支付 10%，相當於每年支付 100 元的利息。

Investment 投資

為了取得收入或是利益，而將金錢或是其他類型的財產或精力投入企業、不動產、股票、債券等等標的中。

Investment banker 投資銀行

提供協助給需要資金支持營運活動組織的公司。

Investment company 投資公司

匯集資金並將資金再次投入個人已經投資的資金中之公司。

Investor 投資人

為了取得收入或是利益，將錢投入企業、不動產、股份、債券等的個人或團體。（包括天使投資人，和天使投資術聯盟）

Leverage 融資

使用借來的資金或是信用貸款來購買或賣出股份，預期能藉此賺取大量的利益。

Leveraged buyout 融資收購

由一群投資人以大部分來自是以被收購公司資產為擔保借來的資金所進行的公司收購。

Liabilities 負債

所有公司積欠並必須償還的債務和法定債務款項。

Liquidation 清算

賣掉公司所有的財產。公司沒有償債能力時就會遭到清算。資產的拍賣所得會用來償還應付帳款。

Liquidity 流動性

公司持有大筆的現金或是容易變現資產的程度。

Long-term liabilities 長期負債

所有超過一年才會到期的債務。

Market price 市價

股票在市場中的交易價格。

Market value 市值

股票買進或賣出的價格。買進或賣出時的投資價值，這個價值經過銷售結果的證實。

Mortgage 抵押貸款

將財產當做擔保品抵押給借款人作為債務償還的貸款。

Net profit 淨利

銷售扣除所有費用後的金額。這筆錢能夠用來支付報酬給公司投資人或是再投資於營業擴張中。

Net worth 淨值

所有資產減掉從資產借來的金額。

Opening 開盤

股票交易期間的開始。

Operating expenses 營業費用

營業費用是其他費用的總計，也就是直接銷貨成本、取得販售給顧客的商品或服務以外的費用。

Operating profit 營業淨利

毛利減掉營業費用。這個數據呈現出公司在扣除與製作和運送商品及服務沒有直接相關的成本之前，例如：利息，是獲利還是虧損。

Option 選擇權

允許個人或團體在某個特定日期間以特定價格買進或賣出資產之契約。

Ordinary shares 普通股

在公司資產清算過程中，優先等級最低的一種股份。

Other income ／ expense 其他收入／費用

指的是與製作或運送商品沒有直接關係之公司交易所帶來之收入或費用。

Par value 票面價值

於股票上記載的股票價值。有時候稱為面額。

Portfolio 投資組合

投資人持有的投資項目。例如：各式的股票、債券、不動產、黃金等，將它們全部放在一起就成為所謂的投資組合。

Pre-emption right 優先購買權

一種股東權利，透過取得出售給其他人之新股部分維持固定比例之公司所有權。

Preference share 特別股

擁有公司所有權之股份，讓持有人擁有股利分配和資產清算過程之分配優先權（排序在普通股股東之前）。

Premium 溢價

特別股市價超出面額的金額。

Prepaid expenses 預付費用

未即刻使用項目之付款，因此不會立即認列為費用。舉例來說，購買六個月份的辦公室用品，在報告期間結束時僅使用了兩個月的份量。額外的四個月價值就是預付費用。

Price ／ Earning ratio 本益比

公開發行公司的目前市場股價除以每股盈餘所得之比率。這個比率顯示出股票市場如何看待該公司的獲利能力。

Profit and loss account 損益表

一種評估企業在某段期間營運表現的財務報表。

Profit before tax 稅前淨利

銷售超出費用之金額，為公司需要繳納稅金的部分。

Property, plant and equipment 不動產、廠房和設備

不斷地被用來製造、陳列、儲存或運送產品的資產。

Prospectus 公開說明書

包含股份發行相關事實之正式文件。

Proxy 代理人

經書面授權代表股東行動或投票。

Public limited company 公開發行公司

股份所有權於股票市場進行交易之公司。

Put 賣權

一種允許權利持有人，在某個特定日期前用指定的價格賣出某個資產的選擇權。

Ratio 比率

比率就是兩個東西之間數字或程度關連。舉例來說，盈餘 200 元和 100 股之間的關係就是把 200 除以 100，得出這 100 股的每一股獲利是 2 元。每股盈餘因此記為 2/1。

Redemption 買回

股票發行人取回股票之行為。

Retained earnings or reserve 保留盈餘或準備

公司賺錢時累積的保留盈餘，用來重新投資或保住公司內的獲利。

Selling expenses 銷售費用

廣告、促銷工具、銷售佣金、業務相關差旅費和交易費、商業展覽等等。

Shares 股份

公司所有權的一部分。

Speculator 投機者

願意冒很大的風險以獲取高出平均水準報酬的個人。投機者持有股票的期間通常相對地較短。

Spread 價差

股票買價與賣價之間的差異。

Stock 存貨

存貨由三種類別組成：商品使用之原料、在製品、準備運送給顧客之成品。

Tender offer 公開收購

從投資者手中買回股票。

Title 所有權

擁有財產的權利。

Total asset 資產總額

所有在資產負債表中加在一起的資產數字就是資產總額。

Total Equity 股東權益總額

包含股本和保留盈餘的股東權益總價值。

Total liability 負債總額

把流動負債跟長期負債加在一起的金額。

Voting shares 有投票權股

股票持有人擁有投票的權利。

Working capital 營運資金

流動資產減掉流動負債就是營運資金。把它稱為營運資金是因為這筆資金投入於企業營運之中，資金型態為存貨、應收帳款、現金等等。

Yield 殖利率

一項投資的報酬率。

Zero coupon share 零息股份

不支付利息，但在到期日會依面額支付的股份。

附錄 G
編輯附註

1. 依據我國經濟部發布之中小企業認定標準,是指依法辦理公司登記或商業登記,並合於下列標準之事業:
製造業、營造業、礦業及土石採取業實收資本額在新臺幣八千萬元以下,或經常僱用員工數未滿二百人者。
農林漁牧業、水電燃氣業、批發及零售業、住宿及餐飲業、運輸倉儲及通信業、金融及保險業、不動產及租賃業、專業科學及技術服務業、教育服務業、醫療保健及社會福利服務業、文化運動及休閒服務業、其他服務業前一年營業額在新臺幣一億元以下,或經常僱用員工數未滿一百人者。

2. 參照自二〇〇九年一月一日起生效適用之國際會計準則公報第一號財務報表之表達:
   * 財務狀況表(Statement of Financial Position,即資產負債表)
   * 綜合淨利表(Comprehensive Income Statement,相當於損益表)
   * 業主(股東)權益變動表
   * 現金流量表(Statement of Cash Flows)
   * 附註,包含重大會計政策之彙總 明及其他解釋資訊
   * 追溯適用會計政策或追溯重編財務報表時,應額外表達最早比較期間期初之財務狀況表

國家圖書館出版品預行編目資料

一口氣搞懂財務報表：《金融時報》為你量身打造
的財報入門書/ 喬.黑格 (Jo Haigh) 著；李嘉安譯. --
一版. -- 臺北市：臉譜，城邦文化出版：家庭傳媒城
邦分公司發行, 2014.05
　面；　公分
譯自：FT guide to finance for non-financial managers :
　　　the numbers game and how to win it
ISBN：978-986-235-355-4(平裝)

1.財務報表 2.財務分析 3.財務管理
495.47　　　　　　　　　　　　　　103007074

臉譜 企畫叢書 FP2261

一口氣搞懂財務報表：
《金融時報》為你量身打造的財報入門書
FT Guide to Finance for Non-Financial Managers

作　　　者　喬‧黑格（Jo Haigh）
譯　　　者　李嘉安
編 輯 總 監　劉麗真
主　　　編　陳逸瑛
行 銷 企 劃　陳彩玉、陳玟潾、蔡宛玲
排　　　版　漾格科技股份有限公司
發 行 人　涂玉雲
出　　　版　臉譜出版
　　　　　　城邦文化事業股份有限公司
　　　　　　台北市中山區民生東路二段141號5樓
　　　　　　電話：886-2-25007696 傳真：886-2-25001592
發　　　行　英屬蓋曼群島商家庭傳媒股份有限公司城邦分公司
　　　　　　台北市中山區民生東路二段141號11樓
　　　　　　客服服務專線：886-2-25007718；2500-7719
　　　　　　24小時傳真專線：886-2-25001990；25001991
　　　　　　服務時間：週一至週五上午09:30-12:00；下午13:30-17:00
　　　　　　劃撥帳號：19863813；戶名：書虫股份有限公司
　　　　　　城邦花園網址：http://www.cite.com.tw
　　　　　　讀者服務信箱：service@readingclub.com.tw
香港發行所　城邦（香港）出版集團有限公司
　　　　　　香港灣仔駱克道193號東超商業中心1樓
　　　　　　電話：（852）2508-6231　傳真：（852）2578-9337
　　　　　　E-mail：hkcite@biznetvigator.com
馬新發行所　城邦（馬新）出版集團
　　　　　　【Cite（M）Sdn.Bhd.（458372U）】
　　　　　　41, Jalan Radin Anum, Bandar Baru Sri Petaling,
　　　　　　57000 Kuala Lumpur, Malaysia.
　　　　　　電話：（603）9057-8822 傳真：（603）9057-6622
　　　　　　E-mail：cite@cite.com.my
一版一刷　　2014年05月

ISBN 978-986-235-355-4
售價：350元